内心强大的女人最优雅

SUMAN
苏曼/著

女性强大内心养成手册&魅力修炼指南

中国华侨出版社

图书在版编目（CIP）数据

内心强大的女人最优雅 / 苏曼著. — 北京：中国华侨出版社，2014.2
ISBN 978-7-5113-4434-2

I. ①内… II. ①苏… III. ①女性 - 修养 - 通俗读物 IV. ①B825-49

中国版本图书馆CIP数据核字（2014）第029017号

• 内心强大的女人最优雅

著　　者 /	苏　曼
责任编辑 /	若　溪
责任校对 /	孙　丽
经　　销 /	新华书店
开　　本 /	787毫米×1092毫米　　1/16　　印张 / 14　　字数 / 280千
印　　刷 /	北京毅峰迅捷印刷有限公司
版　　次 /	2014年7月第1版　　2015年3月第2次印刷
书　　号 /	ISBN 978-7-5113-4434-2
定　　价 /	32.00元

中国华侨出版社　　北京市朝阳区静安里26号通成达大厦3层　　邮编：100028
法律顾问：陈鹰律师事务所
编辑部：（010）64443056　　传真：（010）64439708
发行部：（010）64443051
网　　址：www.oveaschin.com
E-mail：oveaschin@sina.com

你当温柔，亦有力量

——写给自己的四封信

《庄子》里有句话叫作夏虫不可与语冰，意思是说对于夏天的虫子，无论你怎样与它谈论冬天的冰雪，它也不会明白。同理，当我们总是责怪别人无法理解自己的时候，请静下心，各人有各人的思维限制，思维不同，很难一致。所以，我们都是互相眼里的夏虫，我们应该明白，能够安慰你的永远都只有自己。

亲爱的，如果可以，做一个内心强大的女子吧。在最深的红尘里守着自己，守住最初的萌动和欣喜，善良着，柔和着，便温暖着。我知道，所有的经历都是岁月的恩赐，所有的过往，有一天都会化作唇边那一抹笑靥，风轻云淡。

那么，在这静好的夏日，让我以如莲的心境，给自己写下这四封信。让我们始终相信，只要心存美好，岁月便可不老，只要心中有风景，何处不是花香满径，其实我们所期待的幸福，一直在路上。

《第一封:关于青春与老去》

　　时光越老,人心越淡。曾经说好了生死与共的人,到最后老死不相往来。岁月是贼,总是不经意地偷去许多,美好的容颜、真实的情感、幸福的生活。也许我们无法做到视若无睹,但也不必干戈相向。毕竟谁都拥有过花好月圆的时光,那时候,就要做好有一天被洗劫一空的准备。

　　每一段记忆,都有一个密码。只要时间、地点、人物组合正确,无论尘封多久,那人那景都将在遗忘中重新拾起。你也许会说:"不是都过去了吗?"其实过去的只是时间,你依然逃不出,想起了就微笑或悲伤的宿命,那种宿命本叫"无能为力"。

　　一个人的成熟与否,不是出口成章,说出许多深刻的道理,或者是思想境界达到很高,而是待人接物让人舒适,并且不卑不亢,保留自我的棱角又有接纳他人的圆润。成熟的人不需要辩解,仅仅一个微笑就足够了。

　　做一个内心强大的优雅女人,即使你不再拥有那般年轻的容颜,你却多了一份岁月在你的身体里沉淀的精华。

《第二封:关于梦想与现实》

　　不要抱怨你的他丑穷,不要抱怨你没有一个好爸爸,不要抱怨你的工作差,不要抱怨没人赏识你。现实有太多的不尽如人意,就算生活给你的是垃圾,你同样能把垃圾踩在脚底下登上世界之巅。这个世界只在乎你是否在到达了一定的高度,而不在乎你是踩在巨人的肩膀上上去的,还是踩在垃圾上上去的。

　　人间的喜剧和金钱不一定有直接关联,而悲剧则大多和金钱息息相关。在我们拼命赚钱的时候，快乐其实一直都在；而当我们想要用金钱购买快乐的时候，却发现快乐原来是无价的。在感情还没有和金钱扯上关系之前，感情是真实的、纯洁的；而感情一旦和金钱纠缠不清，感情也就变得越来越虚伪了。女人的幸福是掌握在自己手上的，是自己努力奋斗而来的，如果想依靠男人得到幸福，那是根本不可能的。

《第三封：关于爱情与婚姻》

大部分的女人都是感情动物，尤其是步入婚姻后的女人，容易把家庭看得太重，把男人看得太重。一旦遭遇情感危机，伤心痛苦的还是女人居多。等到彻骨的疼痛之后，才会明白也许曾经的自我在婚姻岁月中慢慢泯灭了。等到伤筋动骨之后，才明白付出的原来不止是时间，更是生命。

岂知，爱情，从来就不是一生一世的保证；婚姻，从来就不是男人忠心耿耿的保障。其实，婚姻的意义的确是男人和女人因为各自的需要而搭伙过日子，如此而已。

一个女人，始终要自立、自强，才能拥有掌握自己人生的权利。做婚姻中的掌控者，做自己情绪的主人。让自己掌握自己的喜怒哀乐，而不是交给男人去掌握。女人应该坚定自己生存的方向。谁都不是谁的唯一，地球离了谁，都照样转。学会爱自己，学会自己对自己负责任，学会对下一代负责任。新时代的女性，应该做敢爱敢恨、能付出、也懂收回感情的人。就好像婚姻，不过是女人生命中的必修课。生命是什么？无非就是一种经历。婚姻，也不过是生命中的一种经历而已。无论你经历的是什么样的婚姻，选择的是什么样的男人，那也不过是一种生命体验而已。要么，改变一切；要么，看淡一切。无论如何选择，都不重要，重要的是这个选择一定是奔着你的快乐去的。

《第四封：关于选择与放弃》

在女人的一生中，无论是在爱情、婚姻上，还是在工作、生活中，不同的选择导致迥异的人生。选择与选择之间存在着一定的差距，甚至不同选择下的差距有着天壤之别。错误的选择会让女人走尽弯路，辛苦一生却一无所获，或走入歧途，酿成人生悲剧。学会睿智选择，才能成就完美人生。

选择很重要，放弃同样重要，每个女人都会有许多割舍不下的东西，诸如爱情之花、不喜欢却能获得稳定薪水的工作，甚至是丢失了的一条项链、一个耳坠，也能让女人念念不忘，耿耿于怀，但任何事都如硬币的两面。有无相生，福祸相依，有所得必有所失，鱼和熊掌从来难兼得，聪明的女人懂得"两弊相衡取其轻，两利相权取其重"。

上篇 安之若素,爱是女人一生的修行

第一章 内心强大的女人有魅力　　003

1. 单身没有那么糟糕　　004
2. 孤独煎熬的人不止你一个　　007
3. 爱是从容,而非拼命　　010
4. 撕掉剩女的标签　　014
5. 欲嫁王子,先成公主　　018
6. 勇敢地追求幸福　　021
7. 不要纠结于过去　　024

第二章 结了婚,你依然是你自己　　027

1. 你不是男人的肋骨　　028
2. 要贤惠,更要有智慧　　032
3. 委曲不一定能求全　　036
4. 永远不要冷落你的朋友　　039
5. 你的双手不只用来洗衣做饭　　043
6. 敏感多疑是因为内心不够强大　　047

    7. 请重新开始为你自己而活　　　　　　　　**050**

    8. 做帮助丈夫成长的强女人　　　　　　　　**054**

第三章 爱自己——生命的终极幸福课　　**057**

    1. 用最漂亮的姿态去爱自己　　　　　　　　**058**

    2. 懂得关爱自己的身体　　　　　　　　　　**060**

    3. 改变，懂得经营自己的美丽　　　　　　　**063**

    4. 以橡树和木棉一般的姿态享受爱情　　　　**067**

    5. 失败是一次重生　　　　　　　　　　　　**071**

    6. 你是如何看待你自己　　　　　　　　　　**074**

    7. 不要怀疑对自己的判断　　　　　　　　　**077**

中篇　梅骨竹心，事业是女人最强大的支撑

第四章 绽放梦想，做你想做的女人　　**083**

    1. 紧握梦想的手，大步向前　　　　　　　　**084**

    2. 女人不是天生的弱者　　　　　　　　　　**088**

    3. 靠男人不如靠事业　　　　　　　　　　　**092**

    4. 把握生命的主动权　　　　　　　　　　　**095**

    5. 别把嫁给有钱人当梦想　　　　　　　　　**099**

    6. 时刻准备，抓住成功的契机　　　　　　　**103**

    7. 全力以赴，享受奋斗的过程　　　　　　　**106**

第五章 修炼财商，经济独立才能精神独立　　109

1. 谁能给你安全感？经济独立　　110
2. 女人一定要学会经营自己　　114
3. 树立正确的金钱观　　119
4. 自我提升，高薪不是梦　　122
5. 将修炼"财商"进行到底　　127

第六章 职场女王，独立才能真正掌握自己的命运　　131

1. 你可以比男人做得更好　　132
2. 像男人一样表现自己　　135
3. 善用女性天赋的优势　　139
4. 永远对工作充满热忱　　142
5. 在工作中找寻快乐　　144
6. 敬业让女人更出色　　148

下篇 雅致若兰，女人的优雅无关韶华

第七章 才情是一件穿不破的衣裳　　153

1. 学识让女人更有魅力　　154
2. 运气是碰见的，智慧是自己的　　158
3. 业余爱好丰富自己的才情　　160
4. 学习是一辈子的修炼　　162
5. 腹有诗书气自华　　165

第八章 良好修养是女人永恒的气场源   **169**

  1. 好的修养是你的招牌   170
  2. 女人要提升自己的气质与内涵   174
  3. 微笑是最动人的表情   178
  4. 培养温文尔雅的谈吐   182
  5. 懂得运用幽默的力量   185
  6. 从容自信的女人最优雅   189

第九章 内心充实是幸福一生的资本   **193**

  1. 幸福来自于内心的丰富充盈   194
  2. 挖掘潜藏深处的幸福源泉   197
  3. 有深度的女人必定波澜不惊   202
  4. 上帝偏爱快乐的女人   206
  5. 内心强大的女人不失优雅   209

上篇

安之若素，爱是女人一生的修行

第一章 内心强大的女人有魅力

爱，是女人生命中不可或缺的主命题。有些女人在爱里幸福着，有些女人在爱里悲伤着。其实真正影响女人心情的不是爱，而是女人的心。女人如果真正被强大的内心包围，转身、低回，就连梦境都笑靥如花，让生命散发出不一样的光华。情来情去，淡然视之，不强求，也不慌张。这样的女人，懂得学会用爱的方式，超越爱的愁苦，做一个"懂爱"的坚强女人。

1. 单身没有那么糟糕

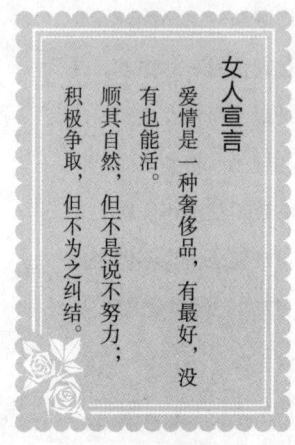

女人宣言
爱情是一种奢侈品，有最好，没有也能活。
顺其自然，但不是说不努力；积极争取，但不为之纠结。

曾经听朋友说过这样一句话：太久习惯一个人的生活，如果突然之间有了另一半，两个人在一起就连呼吸都觉得拥挤。事实的确如此，单身太久，就会成为一种不想打破的习惯。这样的习惯就像一个旋涡，它不断吞噬我们对爱情的渴望与希冀，不再想去寻找爱情。当爱情来临的时候，我们还可能会有一种恐惧，因为拥有爱情是一种未知的生活，它不再是我们的习惯。

很多时候，我们把习惯单身当作一种不好的习惯。

"嘿，姑娘，你有男朋友吗？"

"还没有。"

每当这样的对话出现之时，提问者总会对姑娘报以同情的眼光。可见，在大多数人的眼中，没有男朋友的女人没人疼、没人爱，是极其凄惨的。然而，对于单身的这种看法，我是极其不能苟同的。谁说单身就一定要过得那么凄惨无比？谁说单身的女人就一定是深闺怨妇一般孤芳自赏、自怜自艾？幸福的状态和表现形式有很多种，为什么非要追求爱情和婚姻这一种呢？

菱是我去云南的旅途中遇见的一个朋友，她今年40多岁了，依然风韵犹存，是一个很特别的、很吸引人的女人。我们是在鹤庆到丽江的班车上遇见的，当时她就坐在我的旁边。因为旅途的无聊，两个女人很快就热聊了起来。在交谈中，我发现她是一个非常有情调的女人，心性平和而热烈，让人不由自主地就想要和她做朋友。

刚开始的时候，我以为这样的女人一定拥有一个幸福的家庭，家里有细心呵护她的老公、乖巧听话的儿女。熟络之后，我才知道她单身，并且已经46岁。

在丽江的时候，每天晚上，我和她都会相约着出去玩玩，或者是去酒吧静静地听一首老歌，或者是各自跳舞。她的舞姿优雅美丽，让所有人的目光都不得不追随着她。那里的很多男人都特别喜欢她。

都说丽江是一个遇见爱情的城市，我也特别期待菱能够在这里有一个美丽的遇见。于是在闲暇之余问她："真的打算一辈子单身吗？你是不是得为你的后半生打算打算？难道你就不为自己的年龄而忧虑吗？"

她说："我现在的生活很好。"

我接着问她："你是不是已经习惯了单身，所以才拒绝恋爱？"

"其实也不是这样，如果能够遇见一个足以让我心动的人，那么我会勇敢地去追求这份爱情。如果在接下来的交往中，我们的各种观点与习惯都很契合，可以去共同建设、构造一个更美好的生活，我会毫不犹豫地选择跟他生活。但是，现在我没有遇见这样的一个人，我也没有必要非要找一个人在自己身边扮演男朋友的角色，爱情不能将就，即使一辈子单身，我也不会降低自己的标准。你问我是否忧虑，我觉得爱情不是时常思虑就能等到的，得之我幸，不得我命，我没必要让自己投入非常焦虑的状态中,把自己的生活弄得一团糟。"她回答道。

我在她身上感受到的是一种单纯,对于爱情近乎信仰的单纯。这样的她,内心的强大足以弥补爱情的缺憾,因为她本身就不觉得没有爱情是一种缺憾。她的幸福,与男人无关,与爱情无关!

张爱玲说:"生命是一袭华美的袍,爬满了蚤子。"多数人的爱情与婚姻也何尝不是爬满蚤子的袍,看似奢华,实则千疮百孔。大多数女人选择婚姻,都是为了遵循一种社会形态,而不是为了所谓的爱。这年头,太多的人因为结婚而结婚,造成这样的结果都是因为世俗的桎梏。

女人需要在世俗中生活,但不能被世俗所奴役。社会舆论对每个人都有或多或少的影响,但是我们不能被舆论所左右。有人千方百计迎合世俗,但是世俗却不一定就能给你最安稳的幸福。

其实,每个人都应该成为生活的舞者,与其与世俗不停地纠结,还不如把这些时间用来改变现状,因为在这个世界上,没有人会笑话一个强者,一个把握自己命运、努力改变现状的女人,即使不与世俗为伍,社会的舆论依然对她是尊敬的。

生命就像河一样在流淌,每一分钟都有不一样的快乐。所以一个内心强大的女人,在没有遇见爱情之前,唯一需要做的一件事情就是去享受自己现在所拥有的每一分钟,然后在这一分钟里把自己活到最精彩的状态,然后把自己最美好的状态呈现给未来的他。

生命的质量、生活的质量是自己过出来的。即使你是单身,你也一样可以让自己精彩无比、快乐无比;即使你拥有爱情,你也一样可能会生活在地狱里。关键还是在于你的心态。

2. 孤独煎熬的人不止你一个

庭院深深深几许，寂寞梧桐锁清秋。古人的愁绪让人回味，这句词多多少少让人品出了寂寞孤独的味道。孤独是内心深处的一种感受，它可以是哀怨惆怅的，比如李煜的："无言独上西楼，月如钩，寂寞梧桐深院锁清秋。"也可以是清浅静美的，比如苏轼的："缺月挂疏桐，漏断人初静。谁见幽人独往来？缥缈孤鸿影。"

女人宣言
生命不停地轮回，生活日复一日地继续，在最艰难的时刻，很多人跟我一样都在生活中苦苦挣扎。在挣扎中前行，经历过沧桑，才拥有更多力量。

孤独是一杯苦咖啡，是一种心的空白。孤独感是一种很可怕的感觉，它是一种封闭心理的反映，是感到自身和外界隔绝或受到外界排斥所产生出来的孤零苦闷的情感。为什么那么多人因为找到知己喜极而泣，更有"士为知己者死"，就是因为苍凉与寂寞是内心深处最刻骨铭心的痛。所以，遇见了知己，就等于找到了属于自己的群体，从心灵上感觉到自己不再是一个人的苦苦支撑，这也是一种心灵的慰藉。

因此，作为内心强大的女人，在任何时候，我们都不要把自己封闭起来，自以为这样悲催的人生只属于自己。要知道，现实生活中，很多人都在苦苦挣扎，别人并不比你好到哪里去。当你了解了别人的处境后，你就会发现，你原来所处的这座孤岛上，其实还有很多人。你并不是一个人在"战斗"。这样当你面对一些事情的时候，就会更加坦然。这就好比以前大家都觉得自己被称为"剩女"的时候，很不是滋味。当剩女成为一种现象的时候，就不再是你个人的事情了，再被别人称为剩女，你也就无所谓了。

很多年以前，冯媛刚刚来到上海的时候，当时的她无依无靠，连个落脚的地方都没有，匆忙地找到一个勉强糊口的工作，然后在公司的附近和一个陌生女孩合租了一个地下室，一切才算安顿下来。

冯媛所在的公司不是很大，但是同事之间的来往很少。白天，她跟不熟悉的同事们一起工作，晚上则跟那个陌生女孩一起挤在一张单人床上睡觉。上班很累，晚上连一个觉也睡不好。此时，唯一支撑冯媛的是，我到了蜚声中外的魔幻大都市，我来到了我梦寐以求的地方，我一定要努力工作，在这"十里洋场"站稳脚跟。

然而，到上海的第一个周末，男友跟冯媛提出了分手，情绪低落的冯媛在街上漫无目的地闲逛。祸不单行的是，她的随身钱包就在她神思恍惚的时候被偷走了。单纯的冯媛从来没有料到富足繁华如上海这样的城市居然还有小偷。这个小偷不仅偷走了冯媛的钱财，还偷走了她的安全感……几天以来积压在心中的苦闷，瞬间找到了倾泻的出口，冯媛"哇"的一声大哭起来，繁花的南京路人来人往，但是没有人因为这个痛哭的女子而停下来。

回想当时的情形，冯媛说："自己一无所有，没有任何支援，又对前途感到迷茫。那时候就感觉自己是最无助的人，就像生活在一个孤岛上一样。但是，有一天，我破天荒地和同住的女孩聊了很久的天，我才发现，其实她的处境跟我没有区别，甚至说比我还糟糕，这种'同是天涯沦落人'的感觉，似乎让我们彼此都找到了依靠，我也很快从灰心失望中重新找到了努力向上的斗志。"

生活中有很多女人在面对生活、事业、感情的时候，跟冯媛当初的处境一样。刚刚步入社会，一没有工作经验，二没有高的文凭，三没有好的人脉，四没有一个心灵的依靠……于是感觉做点什么事都不顺。因此，很多人动不动就说自己孤单，无依无靠，情绪低落，看不到生活的希望。但是，人总得面对现实，现实总是不尽如人意，调整好心态最为重要。

其实，我们所面临的问题并不只是社会的个别问题，必定是普遍问题。当你意识到这一点后，在一些问题面前你就不会手足无措、局促不安。我们需要淡定地面对生活。你为工作艰辛苦恼，其实大多数人都有这样的苦恼；你找不到男朋友，还有更多比你优秀的人同样没有男朋友；你得了重病，到医院你会发现到处都是重病患者；你为男友付出一切，最后却遭受背叛，还有人未婚先孕，男友却在这个时候莫名失踪……

生活还得继续，在艰难的时刻，很多人跟你一样都在"煎熬"。谁熬过了，谁就会取得最后的胜利和幸福。说了这么多废话，总结一点就是：不要从意识里把自己赶上孤岛。其实，在你最困难孤独的路上，也有一群人在独自前行，在生活的长河中，大多数人都在苦苦挣扎。

闺中密语

在我们的潜意识中，群体的力量总是大于个人的力量，而且只有找到属于自己的群体，才能团结起来一起对抗外来的压力，这样可以减轻自己的压力。另外，通过比较发现自己并不是群体中处境最糟的人，内心中会获得平衡感，又可以减轻自己的压力。

3. 爱是从容，而非拼命

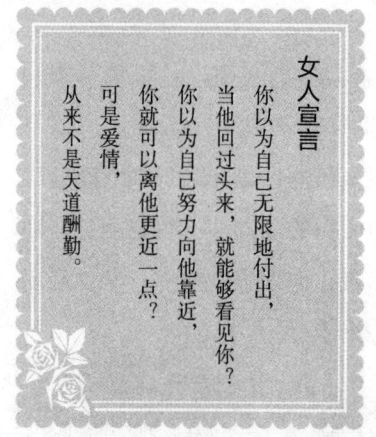

女人宣言

你以为自己无限地付出，当他回过头来，就能够看见你？你以为自己努力向他靠近，你就可以离他更近一点？可是爱情，从来不是天道酬勤。

徐志摩说："一生至少该有一次，为了某个人而忘了自己，不求有结果，不求同行，不求曾经拥有，甚至不求你爱我，只求在我最美的年华里，遇到你。"

我曾为徐志摩——这个为爱而生、而死的人感动。但是，当我看他的传记，发现无论是他得不到的爱情，还是得到的婚姻，都有缺憾：猜忌、背叛、柴米油盐、金钱算计，或者无疾而终。我才发现，爱得太用力，多数情况下只不过是伤人伤己。

女人天生比男人要感性。面对爱情，大多数女人都会失去理智。对于这句话的印证，我们只需看看身边那些为了心中所谓的爱情"一哭二闹三上吊"的女人就知道了。

这最初也许只是一种得到爱、守住爱的"手段"。但时至今日，很多女人已经在不断地把它变成真实，说上吊就真的上吊，为了证明自己的爱而不惜践踏自己的身体、牺牲自己最为宝贵的生命。

J小姐死心塌地地爱上了一个男人，无奈落花有水，流水无情，不管她如何跟这个男人表白自己的爱意，男人都一如既往地婉言拒绝她的爱意。

这天，J小姐决定做最后的努力。她对男人说："我是真的爱你，这辈子你不可能再遇到像我这么爱你的女人……为了你，我可以付出一切，包括我的生命。"

男人听了她的话，只是笑了笑说道："生命对于每个人来说，都是最为珍贵的，你连命都没有了，还拿什么来爱？不要轻易说这样的傻话。"

当时的他们正站在公园的湖边，J小姐听了男人漫不经心的话，为了证明自己的话出自真心，她咬着牙，"扑通"一声就跳进了湖里。男人冷不防她有这么一招，惊慌失措之下，大声呼救，自始至终没有跳进湖里去救她，因为男人始终没有忘记自己不会游泳。

最后，J小姐被两个在公园里运动的年轻人救了起来，她被救起来的时候，虽然已经灌了一肚子水，但是命还是保住了。在死亡边缘挣扎过后得以生还的她对男人说道："看吧，我可以为了你去死，你还不相信我吗？"

男人看到J小姐苍白的脸，无力地点了点头，J小姐非常高兴，因为最终她还是让他相信了。

但是，故事的结局并不是很美，男人和J小姐相处了一段时间之后，他被J小姐的爱箍得喘不过气来，而他并不想为她做太多的改变。而J小姐也认为自己爱得太累，自己的付出并没有得到相应的回报。自然而然地，这段感情很快就在彼此的不满中走向了末路。

像J小姐这样的女人不得不说她太傻。这无异于拿自己的生命在赌博。其实，即便拿生命证明了又如何？男人知道"你是真的爱他"又如何？因为男人也许并不是不相信你爱他,而是他太相信他不爱你。

世界上有太多的傻女人,她们总是对男人说:"我不能没有你,没有你,我简直无法想象以后的人生怎么过……你说我的朋友不喜欢你,为了你,我可以不要这些朋友;你说我的父母不喜欢你,为了你,我甚至可以不要我的父母,无视他们的话;你说你不喜欢我身上的缺点,你把它们全给我列出来,我会改,我全部改掉,你不喜欢的事情我绝对不再做。"

这个时候,男人却说:"你知道吗?就是因为你这样,所以我才没有办法继续和你在一起。你让我觉得很有压力。对于我们共有的这份爱,你太拼命,而我却无能为力。"

飞蛾扑火般地不管不顾,为他喜而喜,为他悲而悲。殊不知,男人承受不起这样热烈的爱情。女人为了爱可以牺牲生命,甚至失去自我。为了爱情而众叛亲离的女人也不在少数。作为旁观者的我们看来,为了一个男人,抛弃宠爱你的亲人、朋友,这显然是不明智的。即使再爱,也不能伤害有养育之恩的父母,父母之爱比天高,而且,人不可能只靠爱情活着,因为那样活着的生命是不完整的。

再者,为了一个男人,不管这个男人还爱不爱你,你为了取悦这个男人,把他眼中所谓的缺点全"改掉",他不喜欢的事情绝对不再做,那么就好像一只刺猬为了爱而拔掉了身上所有的刺,刺猬将不再是刺猬,你还是你吗?

更为可悲的是,女人的拼命根本得不到男人的感动,反而会使他们更快地离开自己,或者说更加坚定结束爱恋的决心。

所以,女人啊,切勿爱得太用力、太拼命,不要被爱荼毒了心智。在爱情面前,我们要保留最起码的理智。

女人爱得越从容,心便可以越理智。在爱情中,我们可以尽情地享受。但心底要埋下一条线——一条底线。一旦爱情中的另外一个人触碰了那条底线，我们就要清醒，找回理智。

　　爱情是伟大的，但同时，爱情也是渺小的。与爱情相比，我们的生命中仍有很多元素，有很多值得我们更加珍惜的人和事。我们无须为了爱而放弃一切，至少有些东西是一定不能放弃的，比如亲情、闺密、生命、自我……

　　从容爱，不仅可以更好地享受爱情，还可以更好地处理生命中的爱情与其他元素的关系，将幸福握在自己手中。

曾经我们都以为可以为爱情而死，其实爱情死不了人。它只会在最疼的地方扎上一针，让你硬生生疼痛得站不起来。于是，我们欲哭无泪，我们辗转反侧，我们久病成医，我们百炼成钢，我们成为坚硬如铁的女人。

4. 撕掉剩女的标签

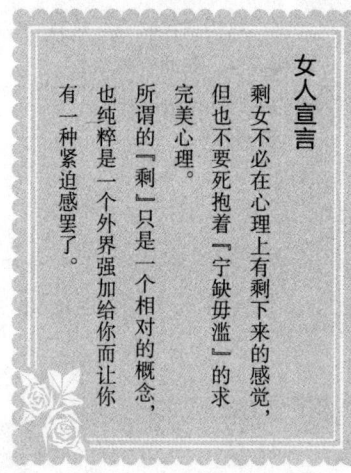

女人宣言

剩女不必在心理上有剩下来的感觉，但也不要死抱着「宁缺毋滥」的求完美心理。

所谓的「剩」只是一个相对的概念，也纯粹是一个外界强加给你而让你有一种紧迫感罢了。

不知道从什么时候开始，各地电视台的相亲节目如雨后春笋般冒了出来。一直听人说，没有嫁不出去的女人，只有娶不到媳妇的男人，谁知道嫁不出去的女人竟然有这么多。更不可思议的是，这些暂时"名花无主"的人中，竟然有很多长得好、身材好、工作好、家庭条件好的。按理说，她们更容易找到合适的男人，可为什么"剩女"的队伍会越来越庞大？

其实，"剩女"这个标签是社会对女人的歧视，是女人对自己的漠视。"剩"说明是被人选完之后余下的，也说明"过剩"贬值了。这个标签一旦贴上，会让你感到心虚，和人交往都不自信。果断地撕掉"剩女"的标签，甩起你的胳膊，坦然地踏起青春舞步吧。

媒体上、生活中，或许这样的人你并不陌生。

男人，40岁，有房有车，企业高管，薪水丰厚，长相一般，未婚，人们把他称为"钻石王老五"。很多女孩的妈妈看到这样的单身男人，都会对自家女儿说:"这是理想的结婚对象,一定要抓住。"

女人,30岁,有房有车,企业高管,薪水丰厚,长相姣好,未婚,人们把她称为"剩女"。身边的很多人,包括她的妈妈都会对她不停地唠叨:"女孩子到这个年纪了,眼光不要太高,凑合嫁个人好了。"

这种现象并不少见,也太不公平:两人各方面条件都不分伯仲,可一个在"婚姻市场"奇货可居,另一个被逼着要"促销打折",原因只是性别不同,并无其他。我真心地感到惶惑,不是说男女平等吗?可是在如今这个妇女解放已经几十年的发达都市社会,"婚姻市场"上"重男轻女"的现象向来如此明显,以至可以毫不掩饰对大龄单身女性的歧视,原因何在?

女人在即将奔三的时候,常常是爱情符号化的第一个脆弱高峰。那种害怕寂寞、担心自己此生也许终将孤独的恐惧,是让这个符号更加刺眼和成为疼痛的催化剂。我因此见过许多在工作上独立优秀,也依然年轻貌美的女孩,在30岁前后彷徨焦虑的模样。

"读书的时候,从来没想到自己今后会成为相亲专业户。因为老家是个小城镇,我的很多同龄人都有了固定男友,甚至已经结婚了,所以父母也着急了。从毕业到现在,我相亲的次数十个指头都数不过来。"单身的夏晓无可奈何地说。

夏晓去年大学毕业,回到老家当社区医生,而夏晓又是家里年纪最大的单身女,自然成了家里人的统一首选目标。在这样的大环境下,夏晓不由得急了起来。

一年的时间里,她相亲十多次。可每次都没有结果。夏晓觉得问题都在对方:"有的年龄、工作都和我不搭调;有的人相亲要妈妈陪来,自己一言不发;有的甚至直接是妈妈来……"稍微有一个对得上眼的,又嫌夏晓的工作太繁忙。

"相了那么多次亲,我觉得自己都快得焦虑症了。现在一看到'剩'这个字,我就揪心。"夏晓如是说。可是相亲还得继续,夏晓的目标是,在自己本命年结束前,找到男朋友。

"标签"就是人们对自我形象的界定和形成,而这些标签常常是被那些有意义的他人,例如父母、老师、同辈团体所贴上的。社会心理学家们认为,一个人如果一旦被贴上了有意义的标签,他的思想、行为就会开始去"符合"这个标签的描述。可怕的是,不少女孩脑门上所贴的这些标签,绝大部分是自己硬给贴上去的。

一旦在自己的脑门上贴上"剩女"的标签,可能就会在潜意识里去做出符合这个标签所代表的思想和行为。例如,心理和情绪上觉得自己没希望了,是不值得人疼爱的女人、没有女人味、没有男人缘、没有竞争力,会日渐枯萎、孤苦终老、郁郁而终……并且在这些不正确心理的主导下,表现出先发制人的孤傲、尖锐、不合群、不享受生活等刺猬一般的行为模式,或是表现为另一种极端的自我放弃,过着过度喧嚣而繁华的生活。所以,大龄单身女性剩不"剩",不是看她身边是不是有一个男人,而是看她自己的心态。

过完年,张勤就30岁了。但她也不知道这一年能不能平静地过去。"上个礼拜老妈又打电话来催了,叫我过年的时候务必带一个回家,当然是带一个男人呗!"说到这个事的时候,张勤显得有点不耐烦,"其实,男人这东西,有就摆一个,没有就算了,有必要急成那样吗?"张勤面对老妈的逼婚,很是不屑。

张勤挺享受自己现在的生活的。繁忙时工作,空闲时"宅",心情好时和姐妹们逛街喝咖啡，心情不好时一个人开车游车河。"想热闹就热闹，想一个人也没人来打扰。万一身边多个男人，这事麻烦了。"张勤说。

张勤身边并不是没有男性朋友，但只是朋友。她说，一定要说自己有什么后悔的地方，那就是在学生时代没有谈恋爱。"但那个时候谈了恋爱，现在可能就没那么自由了。有时候，看到身边的女性朋友为爱情苦恼、为婚姻犯愁，我心里真是庆幸。从这个角度来看，我似乎不是'剩女'，而是'胜女'。哈哈！"张勤大笑。看来，她似乎更喜欢现在的单身生活。

其实，究竟是"剩女"还是"胜女"，完全在于自己的内心。当外人已经给一群人戴上了"剩女"的帽子之后，你心里究竟怎么想，对外人来说已经不重要；同样，当你确信自己是"胜女"之后，别人认为你是"剩女"，又有何干系呢？就像张勤一样，快乐地过着单身贵族的生活，也算悠哉乐哉。

也许，现在的你还没遇到值得自己付出真情、值得固定下来的爱情伴侣，那也不要着急，先把"剩女"的标签狠狠地从脑门上和心里撕掉，重新换上"我单身，但是很自在"的标签。只有如此，先提升自己的价值，才能获得宝贵的幸福。

什么是剩？当然没有标准，只是人们以世俗的所谓最佳结婚年龄标准来衡量。俗话说得好，迟到总比不到的好，作为一个大龄剩女，对于婚姻有着迫切的需求。可是，即使是剩女也要剩得有要求，越是急躁越是得不到想要的。对于一个剩女而言，越是急，越是要慎重。

5. 欲嫁王子，先成公主

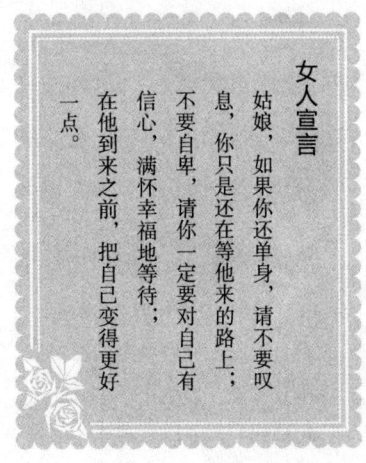

女人宣言

姑娘，如果你还单身，请不要叹息，你只是还在等他来的路上；不要自卑，请你一定要对自己有信心，满怀幸福地等待；在他到来之前，把自己变得更好一点。

每个女孩都有着这样一个梦想：某一天，一位长相英俊、气质高雅的王子深深地爱上了自己，然后邀请自己坐上他的白马一起来到一个美丽的地方，从此过上幸福、快乐的生活……

这就是我们小时候看到的童话，它严重地影响了很多女生对待感情的思维：要找就找英俊帅气的男人；要找就找事业有成的男人；要找就找财富亨通的男人……总之一句话：和我牵手的男人，必须是一位王子。

公主多了，优秀的公主也就更多，所以你就难免会和少得可怜的优秀王子擦肩而过了。虽然你不想承认，却是不争的事实：为什么你学历比另一个女子高、能力比另一个女子强，却一再被主考官拒之门外？为什么你对待感情始终专一，以最柔软的心相对，但男人却对另一个滥情骄横的女子趋之若鹜？为什么朋友聚会中另一个女子一直是耀眼的焦点，而你却坐在安静的角落？

赶紧从童话中醒过来吧，别再相信那些虚无缥缈的灰姑娘的童话了。

给自己一记闷棍,让自己从童话中走出来,这样做的目的是让你走向真正的、主流的、幸福的生活。与其抱怨王子不理会你,不如多花点儿心思去想一想怎样才能活出最好的自己。先把自己由内到外"装扮"成人见人爱的公主,这样才能吸引来你朝思暮想的白马王子。

所以,每一个还在寻觅王子的姑娘,从现在起就行动起来,把自己变得更好。你始终要记得,幸福是自己努力争取的,这个世界上能够成功解救你的,只有你自己。

那么,此刻就从最基本的开始做起,和过去说再见吧。请记住下面几点。

(1) 有时间上的紧迫感

千万不要认为自己还年轻,就总认为幸福富足的生活离自己还很遥远,自己还有很多时间慢慢混。混日子是绝对混不来美好的生活的,幸福的生活任何时候都要靠自己去争取。从现在起,一定要找到一个既定的方向,并朝着它不断地努力。

(2) 保持自己的自尊和骄傲

把自己当成公主,才有遇到王子的可能性。不管出身怎样,都不要沮丧地认为自己无法改变自己的命运。那么多比你还平凡的女人,之所以能找到优秀的男人过着幸福美满的生活,就是因为她们从来没有放弃过梦想,在做梦的同时不断地提高着自己的学识、修养、内涵、能力等。

(3) 对于物质和金钱要有一定的抵抗力

任何时候都不要成为一个可以用钱摆平的女人。原因很简单,如果能用金钱摆平的话,那么即便先前很爱你的男人也会慢慢地把你不再当回事。在他看来,用金钱摆平了你,你这辈子就欠他了,就要时刻听命于他。当然,并不是说你要彻底地忽视金钱,你可以去选择一个有钱的男人,但千万不能被一个男人用金钱摆平。

就像寻找工作一样，爱情中的男女双方也是需要主动站出来的。一个真正聪明的女人，不会守株待兔地等候优秀男人的邀请，而是知道如何灵活巧妙地展示自己的魅力，从而把本来就少得可怜的王子吸引过来，然后慢慢地精挑细选。只有这样，男人才能发现你是白雪公主，而你也才能比较容易地邂逅白马王子。

闺中密语

当一个女人把自己的幸福寄托在男人身上的时候，就已经注定了自己的感情和婚姻的不幸。至于她身边的那个男人是否真的会像童话里的王子那样来拉着她跨上高头大马，更成了一个未知的大问题。让白马王子爱上自己的梦，每个女人都可以做，但是变成现实，最基本的是：先把自己变成公主。

6. 勇敢地追求幸福

经常听大家说这样一句话：是你的终究会是你的，不是你的去争也没有用。真的是这样吗？蒲公英的种子随风飘散，随即落地生根。人们说它随缘，如果它不产出种子，等待风的到来，然后放掉这些种子，缘分对于它有意义吗？万物生长发展都是靠努力，而缘分则是努力达成目标的桥梁，你总是等待，不做任何事、不接触任何人，缘分怎么会与你碰面？

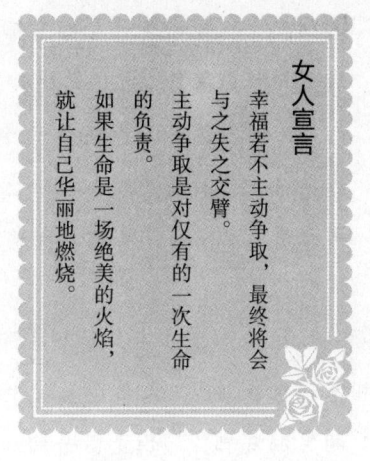

女人宣言

幸福若不主动争取，最终将会与之失之交臂。主动争取是对仅有的一次生命的负责。如果生命是一场绝美的火焰，就让自己华丽地燃烧。

大山就停留在那里，你不过去，大山是不会走过来的。既然这样，就朝着大山走过去。

很多女人习惯矜持，但是矜持只会让你看着自己想要的东西从你眼前匆匆溜走，你却什么也抓不住。太多的女人因为年轻的时候没有去争取，而给自己留下了很多的遗憾。在她们反复思考要不要采取行动的时候，时机已经弃她们而去了。

不管是工作还是感情上，女人都要学会为自己创造幸福。而人的幸福是由一个个的选择积累起来的，所以，女人不要再矜持，勇敢地为自己争取想要的人生。昨天的选择决定了今天，而今天的选择也会决定明天。

我认识一个女孩，她可以说是十足的工作狂，每天除了紧张的工作，就是一头扎在考研这件事情上，结识异性朋友的机会很少。但她也和其他女孩一样期待着一份轰轰烈烈的爱情。

有一天，这位女孩家的隔壁搬来了一个戴着眼镜的男孩。他们第一次在楼道里见面，男孩冲着她轻轻地点了点头，然后微微地笑了笑。男孩的微笑，让她的心里泛起了一丝涟漪。虽然她的性格比较开朗，但是在感情的问题上，她却是一个非常腼腆的人。经过几次不太深入的接触，她发现这个男孩正是自己喜欢的那种类型，但问题是她根本不敢去表白。

在她看来，感情这种事男人主动女人才有面子；再者说了，她希望男人能主动向自己示爱，这样也才合乎常规。于是，她总是在想象，有一天男孩会主动请自己吃饭，或者主动拉住自己的手说："我喜欢你，做我女朋友吧！"

她不知道，其实那个男孩也同样喜欢她，他同样不敢去表白。男孩经常想象着，有一天她能来敲开自己的门，然后对自己说："我喜欢你，做我的男朋友吧！"但是，一切都没有发生。当一个木讷的男人遇到了一个只知道等、不喜欢表白的女人时，这段爱情注定是一场悲剧。

3年后，男孩娶了妻子，这个女孩也结婚了。当他们无意间在火车上相遇时，男孩已不再像当年那样羞涩，男孩把自己几年前的想法告诉了她。她的眼泪不经意间滑落了下来，可是他们已经错过了。

如果我们在恋爱时缩头缩尾，最后很可能会嫁给一个自己不想嫁的人。即使我们以后会生活得幸福，心中仍然会时常感到遗憾。因为曾经有一个你非常喜欢的男人站在你面前，你却没能好好珍惜。如果上天再给你一次机会,你一定要毫不犹豫地对他说:"我喜欢你。"

女人要学着为自己的幸福去争取。人生很短暂,你的梦想、你的爱情、你想要的生活,不要让它们再被寂寞搁浅了,也不要让它们布满灰尘,只在回忆里待续。无须等待,只需听取自己内心的声音。

有这样一段台词:"每个人都会经历一个阶段。见到一座山,就想知道山后面是什么。我很想告诉他,可能翻到山后面,你会发现没什么特别。回望之下可能会觉得这一边更好。"每个人都会坚持自己的信念,在别人看来是浪费时间,他却觉得很重要。

即使发现山的后面没有什么特别的;即使最后发现还是山的这一边比较好,即使到最后错了累了伤了,都不会后悔,也都不用后悔。有些人做了一件事情,最后让自己付出了代价,比如受了感情的伤或者是感觉身心疲惫,当你问他:"如果让你自己再选择一次的话,你还会这么做吗?"大部分人的回答是肯定的。

根据大部分人的经验:人生在后半生的时候,会对自己没有做的事情后悔得多,而对自己做过的一些事情反而没有那么强烈的感觉。

歌曲《假如》中有这样的歌词:"想假如是最空虚的痛。"是呀,没有假如,只有眼前,错过了就是错过了。错过了一瞬,有时候就是错过了一种人生。这也是遗憾给人带来的最无力的感受。

女人,在该争取的时候就要学会争取。去试一试,说不定会有改变。如果你连试都不试,真的连一点可能都没有了,连老天都帮不了你。不要到最后后悔的时候,只能无奈地自言自语道:"假如时光倒流,我将怎么样?"

闺中密语

那些活得很精彩的女人并不是受老天特别眷顾的,而是敢于争取自己想要的。即使需要很大的勇气,她们也要突破自己;即使路途艰辛,她们也在所不惜;即使可能失败,她们也义无反顾;即使受伤或被骗,她们也绝不后悔。

7．不要纠结于过去

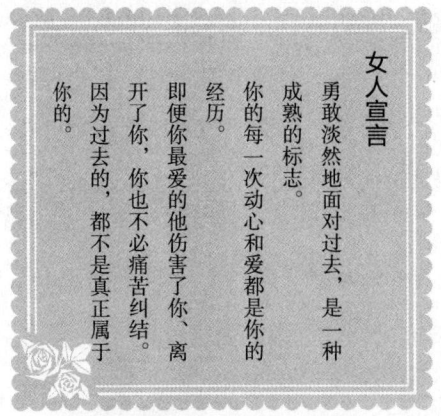

女人宣言

勇敢淡然地面对过去，是一种成熟的标志。你的每一次动心和爱都是你的经历。即便你最爱的他伤害了你、离开了你，你也不必痛苦纠结。因为过去的，都不是真正属于你的。

莎士比亚说，再好的东西，都有失去的一天。再深的记忆，也有淡忘的一天。再爱的人，也有远走的一天。再美的梦，也有苏醒的一天。该放弃的决不挽留。该珍惜的决不放手，分手后不可以做朋友，因为彼此伤害过，也不可以做敌人，因为彼此深爱过。

《岁月神偷》里的男孩告诉女孩，金鱼是最快乐的，因为它的记忆只有三秒钟……它们相遇，注定分离。因为一转头之间，它们便忘记了对方。但有些事情一辈子能记住。记住的那些东西，一样都留不住。所以，当女人不能和一个男人同甘共苦的时候，就不要奢望分手后，你曾经的男人还能为你做些什么。他们将永远也不会再为你付出什么。

分手之后，你们就不再有任何瓜葛，他不再是你的谁，你也不再是他的谁。你们之间从此泾渭分明。爱情的无奈在于一个人无法掌控整个局势，女人即使再爱他，他想转身离去，你也阻挡不住他离去的步伐。不管你多么不情愿，他的心已经不再属于你了。

在舞台上，好的演员不仅仅只会演一个角色，在生活中，女人也不仅仅只是某个人的爱人或者情人。当这个角色已经终止时，你就要记得，你已经没有任何资格在这个角色上浓妆艳抹。倘若再上阵，你得到的不再是掌声，而是羞辱。

因为旧情毁掉了自己幸福的女人无疑是天真幼稚的，倘若为了这段感情从此翻不了身，那几乎是愚蠢的。女人为爱而生，为情所困。对失去的恋情耿耿于怀，不如让自己在这流逝的时光里自我拯救，把自己好好收藏，妥善安放。在一切可能发生的日子里，让自己有所可依。面对旧情，我们需要拿得起、放得下。

秦丽的爱情从来都不是顺风顺水，她在婚姻中介工作，见的男人多了，自然对男人格外挑剔。两个月前，男友突然被一个性感女同事迷惑住，向她提出了分手。秦丽二话不说跟他拜拜。恢复单身的秦丽立刻参加了很多单位组织的交友派对。

一段时间后，已经成为前男友的男人被他的性感女神抛弃。转回头又来找秦丽。秦丽并不买账。她对他说："本来已经退出的游戏玩家，还想继续中途放弃的，你已经不可能从那个角色开始玩起了。你必须重新进入游戏，而且，你很有可能再也遇不到我。"前男友一听，便重新开始追求秦丽，秦丽却无视他的热情。她需要重新定义眼前的这个男人，是不是可以给她一生的幸福和安全感。

其实，并非是秦丽不爱他，即使和他分手，她的心里也装满了他。可是，她却知道一个女人不幸的根源。爱情不可能守在废墟上还能美滋滋地过下去。所以，当一场爱情结束，也就是一场戏中男女主角的终结。我们需要整装待发，开始另一段和他无关的新剧情。

一个睿智的女人懂得在平衡中取舍。该过去的，迟早会过去，该淡忘的，迟早会淡忘。对男人也好，对爱情也好，抱着无愧于心的坚持，你就可以走过那些苦难。因为真爱永远隐藏在伤害的后面，把伤害推开，真爱就会走进你的生命。

旧爱是一壶隔夜茶，虽然是你喜欢的那一款，喝来喝去却伤了胃口。倒掉那些变质的东西，为自己沏一杯新茶，细细品味新茶的好，假以时日你会喜欢上新的口味。不要因为和别人赌气，而去开始一段不对口味的感情。那样只能越来越糟糕。

闺中密语

世间有两种可称之为浪漫的情感：一种叫作相濡以沫，另外一种则称之为相忘江湖。我们曾经深深地爱过一些人。爱的时候，把朝朝暮暮当作天长地久，把缱绻一时当作被爱一世。女人在感情面前总是更容易徘徊。于是，在犹犹豫豫中输掉了一切。

第二章 结了婚，你依然是你自己

真正的爱情不是因为相互需要才在一起，而是因为相互支持才彼此相依。在爱中，我们应该彼此独立、彼此尊重、相互关爱，通过帮助对方在独立和自由中得到更有生命的成长。

1. 你不是男人的肋骨

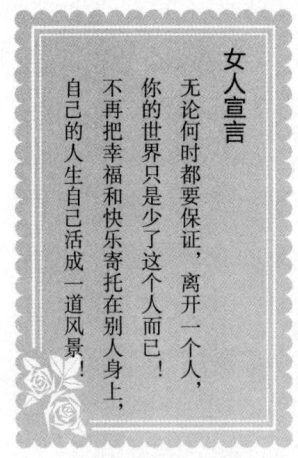

女人宣言

无论何时都要保证，离开一个人，你的世界只是少了这个人而已！不再把幸福和快乐寄托在别人身上，自己的人生自己活成一道风景！

《圣经》上说，上帝趁亚当睡着之时，从他身上抽出一条肋骨，创造了夏娃，从此繁衍了人类。从此，男人身上就少了条肋骨，男人只有寻到属于自己身上的那条肋骨，才是完整的自己。女人真是男人身上的一条肋骨吗？

当代著名作家梁晓声也曾说过，他来世想做女人，不过他只是做一个没有花容月貌的平常女人，活得非常理智，决不用全部的心思去爱任何一个男人。他还说，用1/3的心思去爱一个男人，就不算负情于男人了；用另外1/3的心思去爱世界和生活本身；再用那剩下的1/3心思来爱自己。

婚后，围城里的爱情故事仍需继续上演，只是女人对情感的把握应有度，小女人要做，但不能将爱全部施与男人，我们要留下1/3的时间去爱自己。既要情感独立、金钱独立，又要人格独立。

因为嘉泽，亚男割舍了生活二十几年的城市，告别曾经的朋友，来到了这个陌生的城市，原因只有一个，她爱他，深入骨髓。

20岁的时候,亚男的心事只和嘉泽有关,嘉泽是她的学长,即将毕业。亚男总想做一件事,让嘉泽对自己刻骨铭心,永不相忘。于是,她拼命地对嘉泽好,而嘉泽也被她的执着感动,他对她承诺,毕业之后,他会记得她的好,拒绝一切诱惑,等她来到他身边。

嘉泽工作的城市在北方,从此以后,亚男把那个城市在地图上圈了下来,关注那个城市的新闻以及天气预报。毕业之后,亚男不顾父母的反对、朋友的挽留,只身一人北上,去寻找她心中那个爱情的天堂。

再次见到嘉泽,他成熟了很多,但身上依然散发着亚男熟悉的味道,这个男人,还是当初她爱的那个他,为他远走天涯,她不后悔。

然而,之后的亚男是不快乐的,在这个陌生的城市,除了嘉泽,她一无所有,当初的无悔与义无反顾也不知道在自己的心中打了多少个问号。还记得刚来这个城市的时候,嘉泽每天要上班,她一时找不到工作,于是她的生活就只有等待,每天送嘉泽出门,然后等嘉泽回家,除了这些就只能上上网、看看书。

后来,亚男终于找到了适合自己的工作,于是开始了朝九晚五的生活。每天下班,亚男都迫不及待地赶回家,因为她想多一点和嘉泽在一起的时间,因此,她在公司也没有发展自己的社交圈。开始的时候,嘉泽也和她一样,早早地回家,一起做饭看电视,那个时候的亚男是最幸福的。然而,随着嘉泽事业的不断发展,他的应酬越来越多,留给亚男的时间越来越少了。对此,亚男也只有默默忍受,她知道她不能把男人圈禁在自己的怀抱里,他应该有自己的事业和天地。

直到有一天,她接到了一个陌生女人的来电。她才知道,其实这些年,她把他当作最重要的人,而他的身边从不缺莺莺燕燕,她只是他众多仰慕者中的一个,多一个不多,少一个不少。

这个电话毁掉了她对幸福的所有幻想,她试着让自己去相信他,但是她做不到。面对她的质问，嘉泽并没有解释，对一切背叛供认不讳。这个男人连编谎话的力气都省了，亚男退无可退，她连原谅的机会都没有。

经过了这样的情殇，亚男终于明白，在这场爱情中，是自己一直行走在迷途之中。因为把爱情想象得过于美好，所以，当看到心目中的白马王子出现的时候，便盲目地去爱，而自己又真正了解嘉泽几分呢？而对生活的理想化更加深了她的盲目，以为两个人在一起就是天堂，于是抛弃所有，只为去摘爱情的甜蜜果实。然而，现实是残酷的，生活不是童话，没有那么多矢志不渝与生死相随。

收拾行装，亚男方才发现，她把最好的年华给了他，离开的时候，自己能带走的依然是来时的那个红色旅行箱，她苦笑不已，痛到没有眼泪。

年轻的时候，谁没有走过弯路？痛过、哭过才懂得取舍。曾经以为，嘉泽就是自己的天和地，没有了他，自己的人生就没有光辉，世界上最糟的事情莫过于失去他，然而离开之后，亚男才明白人生最糟的不是失去爱的人，而是因为太爱一个人而失去了自己。

现实生活中，我们都多多少少经历过恋爱，也许都在爱情里迷失自己，用激情而直接的方式摸索爱情的路途，但是走得太快，难免有时候心里会迷茫，等到真正成人以后，心里也有了破碎的痕迹。很多爱情，就以某种仓促的姿态完成了结局。平淡、现实的结局把所有曾经挣扎过的叛离和激情全部淹没了。

女人不能将自己的整个身心都交付给男人，也要留下几分给自己。当然，这并不是说女人不应该为爱付出，但女人在选择为了爱而放弃一些东西的时候，记住，我们什么都可以放弃，就是千万别放弃自己。保持自己的美丽，丰富自己的知识，给自己一个发展的空间，让自己也和男人一起成长，共同进步，携手创造明天，这样的爱才牢固，这样的感情才会经得起风吹雨打。聪明的女人不仅为别人而活,更为自己而活,她们绝不会把一切全部投注到一个男人或孩子的身上,她们知道怎样活出自己的价值。

舒婷在《致橡树》中咏叹:我如果爱你,绝不像攀援的凌霄花,借你的高枝炫耀自己……我必须是你近旁的一株木棉,作为树的形象和你站在一起。比肩而立,各自以独立的姿态深情相对的橡树和木棉,热情而坦诚地歌唱了诗人的人格理想。这组形象的树立,不仅否定了老旧的"青藤缠树"、"夫贵妻荣"式的以人身依附为根基的两性关系。同时,也超越了牺牲自我、只注重于相互给予的互爱原则,这种超越对于向来处于仰视、攀附地位的女性来说更为难能可贵。

是的,在爱之中我们要彼此独立、彼此尊重、彼此帮助。真正的爱情应该是彼此尊重、彼此独立和自由的,他们通过帮助对方在独立和自由中得到更有生命力的成长。不是因为相互需要,而是因为相互支持才站在一起。我们有我们自己的思想,有我们自己的骄傲,也是我们爱自己的表现,所以,女人应该骄傲地活着,不是任何人的肋骨,我就是我,独一无二。

闺中密语

假若女人的情感生活只因男人的眷顾才会璀璨,那当男人撤退后,女人岂不只有惨遭枯萎沉沦的命运?做男人的肋骨,不如选择做连理树。肋骨没了,男人一样精彩;而做了连理树,我们的根在一起,只是相互依恋,却都有各自的天空。

2. 要贤惠，更要有智慧

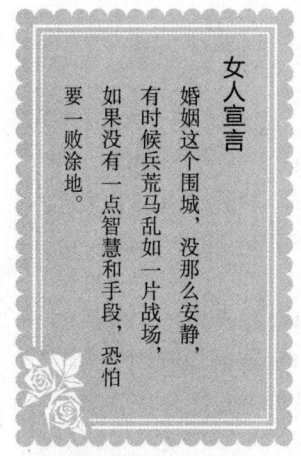

女人宣言

婚姻这个围城，没那么安静，有时候兵荒马乱如一片战场，如果没有一点智慧和手段，恐怕要一败涂地。

贤惠是中国女人的传统美德。可如今，男人对于女人的贤惠往往不领情。很多情感节目里我们都可以看到女人抹着泪哭诉的场景："我没有想到的是他怎么可以那么没有良心，我怕他冷、怕他热，在他下班的时候总是在第一时间给他端上热乎乎的饭菜，为了让他专心工作，我将家里的活全包了，就连孩子的家长会他都从来没有参加过，我为这个家操碎了心，可到头来……"每个人看到这样的事情，都难免会骂男人的不领情，女人也不知道自己错在什么地方，把一切归咎于男人的忘恩负义。

其实，女人错就错在太过贤惠，她们一味贤惠已经让男人没了胃口，不变的贤惠和不讲原则的付出只能给人一种"忠厚可怜，善良愚昧"的感觉，更不能在男人那里换得同等的爱。

在众人责备男人忘恩负义时，男人也会觉得很憋屈。现在的社会，夫妻之间没有主从之分，男人要的是一个能和自己琴瑟相合、心灵默契的妻子，而不是一个"贴身丫鬟"。爱情是一个很玄妙的东西，有人说互相折磨的两个人才是真正相爱的人。也许是这样，因为爱才可以为他烦心为他恼，才能包容对方的所有缺点，不管世界如何看待，在彼此的眼中，那个人就是最好的。

婚姻似镜子，应时刻拂拭，才能明净。做妻子只有贤惠是不够的，唯有慧黠的女人才懂得如何用心地去经营自己的婚姻用自己智慧的手抹去镜子上的尘埃，照射出婚姻最美好的一面。

小姿是个喜欢自由的女人。在她看来，能够做自己喜欢的事情就是幸福的，事实上，她也在一直做着自己喜欢的事。现在的小姿是一个自由职业者，偶尔给几家杂志社写写稿子，平时自己也会拍些不错的风景照，给摄影杂志供图。虽然收入不是很高，她却乐在其中。

小姿和男友是在一次旅行中认识的。后来，男友为了和她在一起，远离家乡，来到小姿所在的小城。看到他为自己做出的牺牲，小姿很是感动，两人相恋不久之后就结了婚。

小姿很爱自己的老公，也爱这个家庭。在小姿看来，女人做家庭主妇也一样会很幸福，只要女人懂得把握，一样可以牢牢拴住男人的心。她说，要做一个老公离不开的女人，一定不能一味贤惠，更要有一些智慧，对男人好，也要让男人明白你的好，这样才会让他对你难以舍弃。因为老公要的是一个老婆，而不是保姆。

小姿在做全职太太的时候，并没有把自己所有的时间都耗在日常琐碎上，她总会留一些时间给自己，用来做自己喜欢做的事。看书是小姿的最大爱好，每天老公上班后，做完所有家务的小姿就把时间交给了书籍。图书馆就在她家附近，没事了就背着包去图书馆待上一天。

除了爱看书，小姿的最大爱好就是吃。恋爱的时候有时间就和男友去大街小巷搜寻美食。结婚后，小姿又有了搜集菜谱、研究做菜的爱好。

通过实践，小姿发现自己还有做菜的天赋，虽然和那些大厨们的手艺比起来，小姿的手艺还欠火候，但是满足自己和老公的胃口已经绰绰有余。

老公不上班的时候，小姿就把所有的时间用来陪老公，给他做上几道精致的小菜，然后一起聊天，最近看了什么好书，老公的工作如何，自己又研发了什么新菜谱，有事没事再找点趣事，相互逗逗乐子。累了，就依偎在一起看电视。有时，老公有什么不顺心的时候，倘若老公想独自待一会儿，小姿从不会碎嘴地问究竟，她会送上一杯茶，然后轻轻为老公关上门。

老公常说小姿是世界上最善解人意的老婆，虽然她不喜欢洗碗擦地，常常会对老公连哄带骗或者撒撒娇，央求老公把这些头疼恼人的家务给做了。但是，他们互相懂得，两个人的灵魂紧密地契合在一起，这是他们无论如何都无法舍弃的。所以，结婚这么多年来，他们的感情却没有因为时间而变淡，反而越来越甜蜜。

小姿的幸福就在于她能成功地和老公做到心灵上的契合，而不是扮演一位照顾男人饮食起居的"保姆"。

其实，现在社会越来越发达，人们的生活要求也越来越高，温饱是一个人最基本的生理需求，人在满足了生理需求之后，就会追求精神需求而妻子在男人的精神领域中扮演着极其重要的角色。过于贤惠的妻子，在迎合丈夫的过程中往往会丢失自己，进而变成一个没有精神思想只有躯壳的木偶，这样的女人没法和丈夫做到心与心的交流，这样的爱也注定会失败。

所以，女人要谨记，身为人妻，专一、深情、执着，一点都没有错，但你更要懂得珍惜自己的付出。男人生病时你要悉心照顾他，你累了的时候也可以让他帮你端来一盆热水泡泡脚；他工作烦心了，你要耐心开导他，你难过的时候也不妨躺在他的怀里痛哭一场，让他为你擦眼泪，并为你讲蹩脚的笑话逗你开心。你要学会爱你的男人，也要让你的男人学会爱你，这样你的天空下起雨的时候才会有一把温情的伞送到你的手里，才会有一双温暖的手把你拉到风的背后，轻轻地对你说："亲爱的，别怕，有我陪着你。"

聪明的你，明白了吗？女人要自尊自爱，要"贤惠"更要"贤慧"，这样才能让自己既是男人的妻子，又是男人的红颜，让他一生都舍不得将你舍弃。

婚姻是相互扶持的，好的婚姻是两个人共同进步，一起变好，而不是需要你"化作春泥"来成全他的成长。

3. 委曲不一定能求全

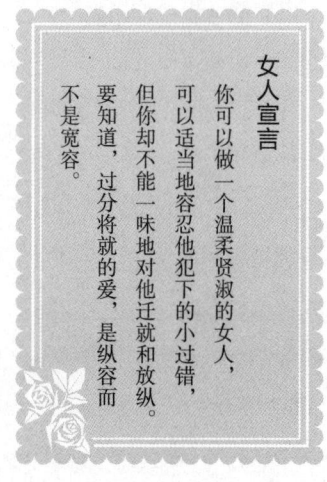

女人宣言

你可以做一个温柔贤淑的女人，可以适当地容忍他犯下的小过错，但你却不能一味地对他迁就和放纵。要知道，过分将就的爱，是纵容而不是宽容。

温柔贤淑的妻子固然可贵，但女人在生活中若是一直扮演执行指令的"机器人"，久而久之，也会让男人觉得乏味。毕竟，爱情需要异质精神力量的碰撞，要有一种吸引对方的特质，才能永不变质。

女人如果在结婚之后对丈夫言听计从，一味地跟随丈夫的步调，那么，男人就会觉得你失去了自己的个性，从而取消你所存在的合理性，因为他们觉得你是他的附属品，没有自己。有人说，好男人不是天生的，都是好女人调教出来的。这句话说得很有道理。那些幸福的女人，深谙管理男人、调教男人的办法，知道如何让他们改掉陋习，不断地提升，最终成为人上人。

所以，当你发现男人出现"问题"的时候，千万别只顾睁一只眼闭一只眼，偷偷睁开那只眼的时候，也得"敲打敲打"他，让他知道自己有错，让他知道你不是"好惹"的。

彩凤和丈夫结婚十年，夫妻之间伉俪情深，在三千多个日日夜夜里，两人没有吵过一次架，惹得不少美慕的眼光。

彩凤是那种标准的传统女性，把女人的三从四德做到了极致，丈夫让她朝东，她绝对不会朝西；丈夫让她站着，她绝对不会挨着椅子边……丈夫就是她生活的指挥棒。

对此，丈夫在那些"妻管严"的哥们儿面前无不得意，总是沾沾自喜地说道："俺那老婆，嗨，简直无可挑剔。女人就该唯丈夫马首是瞻，你们也得把男人的志气立起来。"

可是，突然有一天，丈夫变得烦躁起来，什么都不愿意干，连续几日待在家中蒙头大睡。看到他这个样子，彩凤不但不对其加以责怪，反而更加悉心照料。

谁都没有想到的是，睡醒之后的丈夫仿佛变了个人似的。从不喝酒的他，却抱着酒瓶大喝起来。彩凤却没有加以制止，反而买来许多酒，并特意做了一些下酒菜。这样贤惠的妻子真可谓人间少有。

看到彩凤这样，丈夫愈加放肆，喝完之后，便大声辱骂彩凤，更过分的是他还对彩凤施加拳脚。即使这样，彩凤也没有追问自己挨打受骂的缘由，她抹泪装欢，希望丈夫能够快点好起来。但是如此委曲求全的她等来的却是丈夫写下的《离婚协议书》，当丈夫逼着她在上面签字的时候，彩凤强咽着心中的苦水，跪下来苦苦哀求，但丈夫却走火入魔，似乎不离婚便无法继续活下去。离婚的事不但惊动了双方父母，还惊动了双方领导。众人在了解完事情真相之后，没有人不指责丈夫，但是，面对如此大的舆论压力，丈夫还是铁了心要和彩凤离婚。

不得已，他们走上了法庭。开庭那天，彩凤的"同盟军"全部走上法庭，纷纷阐述她的贤惠之处，并指责丈夫令人感到费解的"禽兽"之举。面对这样的情况，法官也劝其向彩凤道歉，然后一起回家好好过日子。可是，丈夫依然坚持己见。在这一刹那，彩凤终于忍无可忍，把这些天积压在心里的怒火全部爆发出来,她向丈夫冲了过去,猛然抡起胳膊,"啪"的一声,赏给了丈夫一记响亮的耳光,并喝道:"离婚就离婚,谁怕谁呀,我没法跟你过了……"

就在这时,事情却发生了转折,挨了彩凤一耳光的丈夫笑逐颜开,居然当众抱住妻子,并给了她一个热吻:"亲爱的,不离了!我永远都不会离开你的,走,我们回家去……"这个时候所有人才明白过来,丈夫不是真的想离婚,而是借此激发妻子的个性。

我们身边也有很多妻子跟彩凤一样,怕和丈夫吵嘴,一天到晚都让着丈夫,生怕自己做错事,也不敢说重话,完全按照丈夫的意愿做事。"夫唱妇随"本来没错,可仔细一想,婚姻生活本来就在逐渐归于平淡,如果夫妻之间永远相敬如宾,会不会反而产生一种距离感?会不会让生活更加沉闷?彩凤的故事给了我们答案。

有人将男人比喻成一部车是非常绝妙的,男人像车一般,用得久了便需要保养、需要维护,保养和维修缺一不可。所以,聪明的女人当你的"车"出现毛病时,该"修理"时就得"修理"。这样它才能跑得更快。

所以,对于女人而言,若要与丈夫之间的感情更和谐、更融洽,千万别一味迁就丈夫,男人该"修理"就得"修理"。俗话说,夫妻之间的吵架是"床头吵架床尾和",所以,不要怕,吵嘴之后,不会将你的丈夫推得更远,而是把你与丈夫拉得更近,你们的感情不是处在绝望中,而是处在希望之中。

闺中密语

婚姻中的忍让与宽容要以平等为基础,不能一味地委曲求全。当你感受到人格不平等的时候,要懂得与之"抗衡"。"抗衡"不一定是大吵大闹,也可以是一种智慧的自我保护和权益的争取。

4．永远不要冷落你的朋友

有很多朋友都问，如果有了爱情，友情还重要吗？我想说的是，其实爱情和友情并不冲突，所以，也就没有了谁比谁重要一说。我们实在不应该为了一个而忽略另外一个。

想过没有，什么是好朋友？好朋友不是亲吻你的那个人，不是牵着你的手浪漫地走在街上的那个人。友情从来都不像爱情那样让人如痴如醉、如梦如幻，但友情也从来都不是爱情的敌人。爱情来了，友情会让道。好友会半开玩笑半伤感地说："这个重色轻友的家伙！"

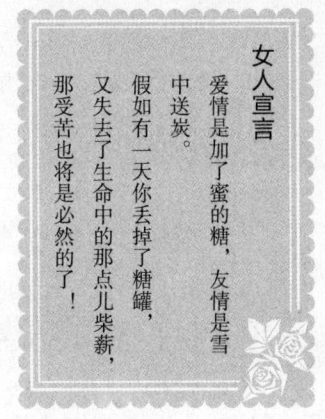

女人宣言

爱情是加了蜜的糖，友情是雪中送炭。假如有一天你丢掉了糖罐，又失去了生命中的那点儿柴薪，那受苦也将是必然的了！

实际上，友人心里却漾满了真诚的祝福。

有一首歌里唱道："如果不是你，我不会相信朋友比情人还死心塌地。就算我忙恋爱，把你冷冻结冰，你也不会恨我，只是骂我几句。如果不是你，我不会确定朋友比情人更懂得倾听，我的弦外之音，我的有口无心！"

不是吗？从不经意的相遇到相知，到最后成为知心朋友，总会一起经历很多，这些经历岂是那么容易就忘掉的。但不幸的是，当友情遭遇爱情，女人总是会成为友情的叛徒。的确，女人的心太脆弱，一碰就碎，所以我们总是寻找那个可以保护自己的人，但当一个女人找到了可以依靠的肩膀，找到了倾听的耳朵，找到了浪漫和温情，曾经的友情就被抛诸脑后。

有了爱人，生活就会不一样，女人就有了依靠的港湾。但是，如果没有了朋友，生活就真的美好吗？爱的宗旨是一样的，都是想让对方获得快乐、幸福，只是给予的方式不一样而已。有了爱情，便忽视友情，也许等到哪一天需要友情的时候，才发现连曾经的知交的手机号码都找不到了。女人最可爱的地方，是一旦爱上了一个人，就会全身心地投入进去，自己的一切都跟他有关，但这也恰恰是女人最可悲的地方。

有一个故事是这样的。

某男想要在三位女性中选择一个人做他的妻子。男人分别给了每位美女3000块钱。第一位美女用3000块钱做了投资；第二位美女用3000块钱买了礼物送给男人；第三位美女把这3000块钱借给了正在经济危机中的好朋友，关系很铁的那种，想想看，男人会选择哪位美女呢？

前两位美女表现得都不错。一个可以赚钱养家，一个贤惠多情。但她们却忘记了，男人不是女人的全部，同样，女人也不是男人的全部。靠着"示好"和挤压双方的空间而赢来的爱情并不牢靠。

这位男主角到底选择了哪位美女已经不重要。因为不同的男人就会选择不同的女人。女人分很多种，男人也同样分很多种。也就是说，这三个女人都能顺利地把自己嫁出去。只是每个女人的魅力指数不一样而已。

法国女作家西蒙·波伏娃在她的著作《第二性》中说："她（女人）的生活没有目的：她的心全用于生育或料理诸如食物、衣服和住所等只不过是一种手段的物上面。这些物是动物生活与自由生存之间的次要中介。"

从这段话中，我们也不难看出，为什么大多数女人一旦有了爱人，就会疏远朋友。因为女人与朋友之间，很难与生育、料理食物、衣服、住所等扯上关系。老公才是女人心中的天和地。这也就是为什么，一些女人一旦结了婚，之前的好姐妹、好朋友也就很少再联系。其实归根结底，还是女人把老公的位置看得太重的缘故。

如果你是一个已婚的女人，如果你有两三个很铁的朋友。你们经常一起出去逛街，买买衣服；一起到咖啡馆里开开玩笑，聊聊天；抽空到彼此的家里串串门，交流一下育儿心得。你老公的最大反应将是羡慕和忌妒。

不要以为你全心全意地只围着男人一个人转，他就会感激你。如果男人拥有自己的朋友，而你却只有他，他很可能会以你为戒，提升自己在朋友圈的地位，从而时不时地忽略你的存在。但是，如果你也有知心的朋友，你可以"以牙还牙、以眼还眼"。

中国当代著名作家、红学研究家刘心武曾说："人生一世，亲情、友情、爱情三者缺一，已为遗憾；三者缺二，实为可怜；三者皆缺，活而如亡！"

对于女人来说，没有爱情，人生就不完整；没有友情人生也会充满遗憾。当我们有了爱情，心灵的纯度会增加；当我们有了友情，心灵的广度才能扩大。如果我们只有心灵的纯度，没有心灵的广度，最后将只能局限在自己的空间里，一旦被爱人抛弃，将一无所有。有很多女人失去爱情之后，也丧失了生存的能力。因为她们身边没有一个可以真心帮助她的人。这就是因为友情缺失，从而引起的人脉价值的缺失。

有时候，不管对方是男人还是女人，友情可以维持一生那么久，而爱情可能会如烟花般短暂消失。所以，不管我们多么爱一个男人，都不要忽视朋友的重要性。任何时候，朋友都是不可或缺的。

别忘了，朋友永远都是那个留一只耳朵给你发泄心中怨气的人，是我们心中的一块自留地，当别的土壤上开满各种各样的花朵，我们还可以回到这里种上自己的向日葵。

人的一生中，也许会失去很多值得记忆或应该珍惜的东西。也许会失去父母的呵护、也许会失去儿女的关爱、也许会失去夫妻间的感情、也许会失去财富一贫如洗、也许会失去生命中的真爱。但是，朋友却永远不会失去。有一个永远的好朋友是一种幸福，他就如盛夏的嫣红赤诚炙热，亦如冬日的炭火温暖人心。

5．你的双手不只用来洗衣做饭

有这样一个问题：如果经济条件允许，你会选择当全职太太吗？相信很多女性会做出肯定的回答。据说，现在从职场撤兵，回家当全职太太的女人越来越多，全职太太已经悄然成为一种新兴的、乐和的生活方式。

我不知道是我的思想已经跟不上时代潮流，还是其他原因，这世界到底是怎么了？在古代，赋闲在家的女性挥着"男女平等"的大旗，拼了命地要挣脱家庭的束缚，追求自己

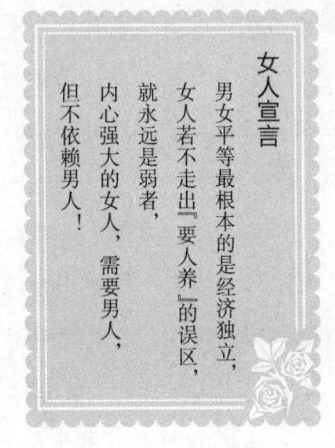

女人宣言
男女平等最根本的是经济独立，女人若不走出"要人养"的误区，就永远是弱者。内心强大的女人，需要男人，但不依赖男人！

想要的生活，甚至为此付出了生命的代价。而如今，在这个男女平等的时代，女性却哭着喊着主动"示弱"，重新变成男人眼中的弱女子。莫非现在流行思想复古？

众人眼中的全职太太无疑是幸福的：不用工作，只需做家务就行了，但实际上没有什么比家务劳动更单调、枯燥的了。灰尘永远擦不完，衣服洗干净了又变脏，还有每天重复的一日三餐，不是每个人都能从这种周而复始的重复劳动中获得乐趣。大多数全职太太逃离职场，是因为不想承受巨大的工作压力，不想再看上司或老板的脸色。那么，回

家就没有老板了吗？

即使你的老公总是对你和颜悦色，承诺养你一辈子，也不代表你们的婚姻能天长地久。当你沉湎于这种生活，整天穿着宽松的睡衣式的衣服，谈论的话题只有老公、儿子和商品打折信息时，老公却无法兑现承诺，正在离你越来越远。这种疏离社会和没有个人成就的失落感，你已经做好准备承受了吗？

曾经，书宁很羡慕她两个男同学的老婆，她们不用工作，只要在家里洗衣服、做饭、带孩子，等着老公回家就行了。书宁每天都要坐一个多小时的公交车去上班，动不动还要看领导的脸色，老公却从来不说让书宁辞职，在家休息。这样一比较，书宁觉得老公一点儿都不疼自己，自己一点儿都不幸福。

怀孕后，书宁也一直在上班。怀孕5个月时，老公决定让书宁辞职，回老家好好休息。书宁十分憧憬这样的生活，满心欢喜地离开了公司。但很快书宁就发现，没有工作后时间变得很难熬，她几乎每天都在掰着手指头数日子。这样混日子的生活，书宁过了将近两年。

在这两年里，书宁一直在老家，孩子就是书宁生活的全部。虽然老公几乎每天都给书宁打电话，但女人的直觉还是让书宁感觉到了细微的变化。以前，他们经常会聊聊彼此的工作，但现在书宁所有的话题都围绕着孩子。每当听到他自顾自地谈论工作时，书宁会变得很生气，认为他不关心自己和孩子。渐渐地，他打电话的次数少了，即使打回来，也多半是她说他听。

今年春节后，书宁带着孩子回到了原来生活的城市，才发现生活发生了很大的变化。他的工作顺风顺水，满面春风，书宁却沦落成了一个地地道道的家庭主妇。他们之间，除了孩子和家庭琐事，几乎找不到共同话题。

"不,我要改变!我需要很快找份工作,薪水不是最重要的,我的当务之急是重获自信,找回自我。"书宁在心里这样对自己说。

事实上,重新工作是书宁经过认真考虑后作出的决定,很多亲戚朋友并不赞成书宁这么做。他们的理由是:请保姆带孩子,每个月要两三千块,再加上吃住等费用,每个月的工资就所剩无几了。再说,让保姆带孩子也不放心,生怕孩子受到虐待、吃不饱、穿不暖。既然这样,还不如自己带孩子。书宁和老公意见一致,觉得还是出去工作比较好。因为他们都觉得,上班不仅仅是挣钱那么简单,主要是提升人的精神面貌。有事做才能有进步。人一旦懒下来,没有追求,老化的速度相当惊人。

书宁知道老公并不介意她的薪水,但对书宁来说,她可以凭自己的能力养活自己,她和他之间就是平等的。更重要的是,工作后书宁的心态发生了变化,变得开朗、积极,不再像保姆一样整天盯着老公,他似乎也轻松了不少,欢声笑语又重新回到了他们身边。

很多女人认为全职太太没什么不好的,都是为了家庭。如果男人不理解那就是男人的问题,男人就应该保护自己的妻子和孩子。但是,我却不是很赞同这样的想法,我认为做妻子的不是更应该保护自己,女人尽量不要做全职太太,要有自己的工作,有一份至少能养活自己的收入,关键时刻能够维护自尊。

当全职太太,并不像我们想象得那么轻松、惬意,往往要承受更大的心理压力。有的全职太太把所有的心思都花在孩子和家务劳动上,疏忽了对老公的关心,最终会导致夫妻关系冷淡,甚至离婚。有的全职太太由于长期待在家里,担心老公出轨,就对老公实施了全方位的监控。老公偶尔没接电话,下班后半小时没回家,就会开始狂轰滥炸,闹得老公烦不胜烦，严重影响夫妻感情。可以这么说，全职太太比工作中的女性更脆弱，她们对婚姻的强烈依赖度决定了她们注定是婚姻中的弱者。

有统计表明，由于处理不好自己和家庭及社会的关系，很多全职太太患上了心理疾病。

王先生和太太原来是一个单位的同事。结婚后，王先生的工作越来越顺利，职位越来越高，就让太太回家享享清福，当全职太太。起初，王太太很享受这种生活，每天睡到日上三竿，不想做饭就出去吃点，再去打打牌、逛逛街、做做美容。

没有了工作压力，她的心情轻松了很多，又变成了恋爱时的温柔可人儿，家庭温馨。但是，王先生越来越忙，隔三岔五地加班、出差，待在家里的时间越来越少，于是王太太开始胡思乱想了。她担心事业有成的丈夫经不起别人的诱惑，在外面找"小三"。她是个眼睛里容不得沙子的人，如果丈夫真的出轨，她肯定会和他离婚。但转念想想，她现在没有工作，吃的住的用的，每一分钱都是老公挣的，离婚后该怎么生活呢？

在巨大的思想负担下，王太太变得疑神疑鬼，甚至为一些莫须有的事大发雷霆。如果丈夫不回家，她就睡不着。她的脾气越来越暴躁，动不动就对丈夫大吼大叫。经过确诊，王太太患上了焦虑症。

虽然幸福的全职太太不在少数，但我认为女人要像树一样独立，依靠却不依附男人，保持一定的距离，保留一定的空间，才能抓住爱。

女人要给自己定位，拥有自己的生活方式，懂得如何让自己快乐，做到精神与经济的双重独立。这样，不仅能减轻家庭的经济负担，还能减少男人的生活压力，提高生活水平，男人也会因此对你欣赏和感激。

6. 敏感多疑是因为内心不够强大

"为什么他这几天电话少了？是不是他不爱我了""他的语气与从前不一样了，是不是他不爱我了""以前我挂掉电话后他会立即打来，是不是他不爱我了"……这些话女人们都很熟悉，因为自己也常常在心里这样问自己。女人的心太过敏感，只要男人稍稍有一点变化，她们都会和"他不爱我"扯上关系，然后胡思乱想一通，再把自己的悲伤无限地扩大。

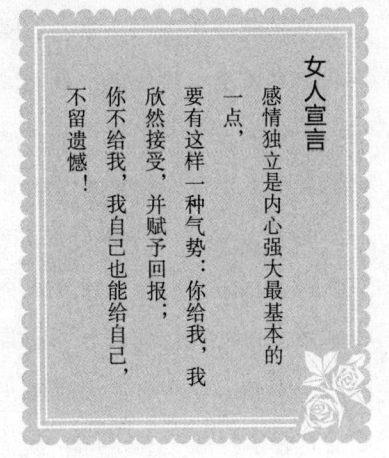

女人宣言

感情独立是内心强大最基本的一点，要有这样一种气势：你给我，我欣然接受，并赋予回报；你不给我，我自己也能给自己，不留遗憾！

其实她们心里也明白，男人就算整天甜言蜜语哄着自己，也未必全是真的。道理很浅显，但女人们还是很容易让自己陷入钻牛角尖的怪圈，这是女人的天性，就像男人都喜欢说谎一样。

女人有时认为自己很聪明，有赖于自己敏感细腻的神经，可以将男人的一举一动揣摩得一清二楚。不过，女人有时候会被自己的小聪明蒙蔽，钻牛角尖，把注意力放在一些细枝末节的问题上，却忘了把握大局。

世界上的人都想当智者，谁也不愿意做个傻子。可事实上，人世间凡事复杂善变，想把每一件事都搞得清清楚楚根本就不可能，况且有些事情弄得越清楚就越让人烦恼。女人应该是越活越聪明的，聪明到一定的程度就知道什么时候该"傻"了。如果目光太锐就会因为"分辨率"太高而把很多不美的东西"识别"出来。女人最好能有一个合适的"分辨率"，恰到好处地过滤掉一些无伤大雅的瑕疵，但又不至于影响到基本的功效。这样才能看到整体，把握住男人的心。有些女人之所以不幸福，其实就是她们太过于敏感和认真，对待生活太苛刻，甚至让男人觉得简直就是病态。但实际上，这种苛刻很多时候根本就是错误的。

　　蒙蒙是个典型的小女人，柔柔弱弱的，好像时刻都需要有人照顾。事实上她也是个心思细腻，缺乏安全感的女人。她总希望老公时时刻刻都关心她，什么时候都把她放在第一位，哪怕她有丝毫的情绪变化，她也希望他能发现，否则她就会难过好几天，有时还暗自垂泪。

　　那天，蒙蒙身体不舒服，于是早早地请假回了家，晚饭也没吃就躺下了。本以为老公晚上回家后会对蒙蒙嘘寒问暖，可他就好像什么也没看见，不闻不问地只顾忙自己的事情。蒙蒙的心里突然间感到一阵凄凉，觉得他根本就不在乎自己，眼圈儿一红，眼泪就快掉下来了，她强忍住了，因为这件事她难过了好一阵子。

　　还有一次，夫妻俩为了一点琐事吵了起来，老公不但没有像平常一样迁就蒙蒙，反倒对她吹胡子瞪眼的，她心里感到很委屈，忍不住哭了。本以为自己哭了他会来安慰自己，再说两句好听的话，可他却说："也不看看你现在都变成什么样子了！"

　　老公的话就像一把尖刀扎进她的心里，歇斯底里地喊道："我变成什么样子了？我变得难看了？比不上外面那些风情万种的女人了？你在外面一定有别人了吧？"

　　对于蒙蒙的这些想法和行为，老公不屑一顾，说她是没事找事、钻牛角尖,是个不可理喻的女人。蒙蒙的心里更加难过,她难过地对自己说:"可女人不都这样吗?就算说我是蛮不讲理,或是无理取闹,但我的出发点只有一个,那就是在乎他啊!难道我的真心只能换来伤心吗?"在这些问题上蒙蒙又想不通,那几天即使美味佳肴她也觉得味同嚼蜡,即使再蓝的天空她也觉得就要下雨了,看到什么都觉得是灰色的,就连平常最喜欢听的钢琴曲也觉得是噪声,直到把自己折磨得身心疲惫。

女人太过敏感,往往就会在钻"牛角尖"的过程中失去很多宝贵的东西,男人的爱是理性的,即使他再爱一个人也不会把她当成生命里的全部,飞蛾扑火般浓烈的爱也只有小说里的男主人公才有。他虽然也会心疼你、爱护你,但他没有你那么无私。女人应当从"牛角尖"里钻出来,做真正的自己,自己给自己更多的爱。

学会放下,放下生活中的种种不如意,放下自己的那些愚痴和固执,才能让生命之舟轻载。有的时候不妨做个"傻"女人,不要像林妹妹那样"心比比干多一窍",要行大礼不拘小节,在关键的时候把握好方向就可以了。洞若观火的聪明,有时候反而会把自己拒在幸福的门外。

闺中密语

爱有两种:一种是死死抓住,你紧张他也紧张;一种是轻松托住,你自由他也自由。谁能摆脱爱的奴役,谁就能获得感情上的独立。内心强大的女人,绝对不会疑神疑鬼,像防小偷一样防着丈夫,她有该收则收、当放则放的从容,就像放风筝一样,给男人自由的天空,而风筝的线却牢牢攥在自己手中。

7．请重新开始为你自己而活

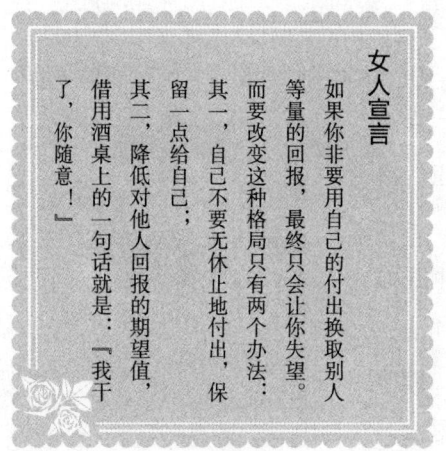

女人宣言

如果你非要用自己的付出换取别人等量的回报，最终只会让你失望。而要改变这种格局只有两个办法：

其一，自己不要无休止地付出，保留一点给自己；

其二，降低对他人回报的期望值，借用酒桌上的一句话就是："我干了，你随意！"

很多女人总是有这样一种思想，丈夫和孩子就是自己的整个天空。在强求他们按照自己的要求做这样那样的事情的同时，也把自己的整个心花在了他们身上，从而失去自我。

然而，丈夫真的属于你吗？他只属于他自己，他有自己的个性、有自己的事业、有自己的兴趣爱好，甚至有自己的小秘密，你不能总想着要占领他的灵魂；孩子属于你吗？他（她）也只属于他（她）自己，他（她）有自己的想法、有自己的理想，也有自己的隐私，而且总有一天他（她）会展翅高飞，你不能总想着像一只母鸡一样把他（她）护在你的羽翼下。

你只有自己属于自己！不能为了他人而失去你自己，否则你将一无所有。很多女人们为家庭做出了重大的牺牲，因而要求回报，而事实上当她们的付出与获得不成正比的时候，她们就变成了怨妇。她们认为："我对你好，你就必须对我好，否则就不公平了！"要知道，你可以要求自己对别人好，但是永远要求不了别人。总之，一切都回归到一点：女人要善待自己，做最好的自己。比如，平时工作已经很累了，要懂得为自己减压；家务劳动不要自己一个人承担，而让自己早早地归入"黄脸婆"的行列，要懂得和家人一起劳动的乐趣；不要东家长西家短地闲聊别人，要把时间用来多看书、多学习；不要沉迷于肥皂剧，多锻炼身体，保持体形……

你需要给自己更多的时间？你渴望一场奇遇的冒险？你想去做一些到现在为止还从未尝试过的事？可是，即便想了这么多，你依然一动不动地保持着沉默，并在心里翻来覆去地想：我不能这么做，因为我得保护我的伴侣，如果我这么做了，他一定会觉得很受伤，他一定会无法承受。

一对夫妇来到我们的诊所，原因是妻子有了外遇。这位妻子说，当她与新男友在一起的时候，就会觉得自己好像重新找回了生命的活力，一切都变得更加激动人心。她的这位新男友是个热衷于各种冒险活动，以疯狂著称的飙车俱乐部成员。几乎每逢周末，他都会去飙车。我们注意到当这位妻子心醉神迷地描述这一切的时候，做丈夫的只是呆呆地盯视着地面，目光空洞而乏味。

这就是我们谈话之初时两个人的状况：一对结婚将近20年的夫妻，可是现如今，他们对彼此早已感到心灰意冷，心墙高筑，彼此疏远，离婚似乎成了不可避免的结局。但是，即便如此，他们却不得不继续维持日常生活的表象，尽各自作为父母的责任。

然而，随着谈话的进一步深入，我们见证了一段拨云见日的沟通过程，这两人之间的误解竟然难以置信地被一层层得到澄清。

原来那个自始至终听天由命的丈夫虽然沉默不语、心门紧闭，可是，想当年他也是个热衷于飙车的冒险家。可是，当他们的3个孩子纷纷来到这个世界之后，昔日充满活力的妻子不知不觉地变得小心谨慎起来。终于有一天，出于家庭安全和保障的考虑，在妻子的要求下，丈夫牺牲了自己的危险嗜好。而这位妻子为了做一个完美的母亲，也将自己对生活的所有梦想都埋葬了。这位丈夫为了照顾家庭，尽量避免外出，因此他的职业生涯一直都被限制在比较中游的位置上。

但是，面对这种缓慢发展，甚至于是近乎僵死的局势，这对夫妻竟然从来没有试图沟通过彼此的感受，直到妻子的外遇被曝光的那一天。此时，在他们的生活中，仿佛引爆了一颗定时炸弹，一切被炸得四分五裂。于是，他们来到了诊所，坐在了我们的面前。

一开始，这两个人都是小心翼翼地去尝试重新与对方沟通，就这么多年来一直谨慎回避的话题进行交流。随后，在接下来的谈话过程中，竟然发生了一些令人惊奇的事情。比如，这位妻子渐渐开始意识到，其实她自己一直都在寻找一个爱人，一个像她的丈夫以前那样生活的人，但是作为丈夫的他，却早已因为对家庭的责任和妻子的恐惧而放弃了冒险生活。

事情发展也再次证明了这一点，很长时间以来，这位丈夫的职业发展一直处于停滞不前的状态，而现在似乎出现了新的曙光。那么，对于究竟是什么原因使自己在工作上无法打开局面呢？对此，丈夫给予了这样的回答："要想实现一个真正的飞跃，我就必须到国外去工作。可是考虑到家庭的种种因素，我没有办法选择离开。"

听到这番话，妻子"噌"地一下，从沙发上跳了起来，急切地对丈夫说："你还记得吗？20年以前，我就对你说过，我会跟你到天涯海角。为什么你根本就没有跟我讲过这些话呢？"

"可是，那都是从前的事了，都过去那么久了。"丈夫满心疑惑地说。

"你知道吗？这么多年以来，我一直都期待着，希望你会问问我，我们的生活里能有什么激动人心的事情发生。即便到了今天，我也还是会像以前一样，跟你到天涯海角去。"当这些话从妻子嘴里脱口而出时，简直如同决堤之后的洪水一般。

后来，夫妻俩一同回家去了。直到这时他们才发现，在过去的20年里，他们始终在试图保护对方，为对方放弃了自己的愿望和理想。

看到这里，也许你早已感同身受，觉得自己和故事中的人物一样，正在遭遇不公平的对待，或是伴侣正在离你远去。其实，我想说的是，在伴侣关系中并不存在对与不对的问题。通常，作为伴侣的两个人总会有不一样的行为方式，差异之大有时甚至令人痛苦万分。

只有一个人能够为你的幸福负责任，那就是你自己。或许，听到这句话，你的内心会竭力反对这个观点。如果可能的话，你是不是更愿意让你的伴侣来为你的幸福埋单？对此，我只有一句话要送给你：只有当你深刻意识到对自己负责的重要性时，你才能彻底走出软弱和依赖的牢笼，从而飞向属于你自己的幸福蓝天。

所以，为了你的爱，为了你的终身幸福，从现在开始，请为自己着想，请依靠自己的力量去生活。在这条发展自我的路上，你终会发现获得真爱的核心原则，那就是只有当你肯定了自己的价值，并且有能力满足自己的一切需要时，才有资格去接受另一个人的爱。就像故事中的婚姻专家曾经对这对夫妻所说的那样，现在我也要对你说：请重新开始为你自己而活吧。或许这正是你的伴侣生活和幸福婚姻所缺乏的。

女人可以用自己的爱心去关爱他人，可以用自己的宽容之心宽恕他人，可以用自己的乐观去感染他人，唯独不能把自己的希望倾注在他人身上，不论对方是父母还是丈夫，抑或是自己的孩子，他们有他们的人生。你可以去祝福他们，但是不能要求他们为你实现什么。

8. 做帮助丈夫成长的强女人

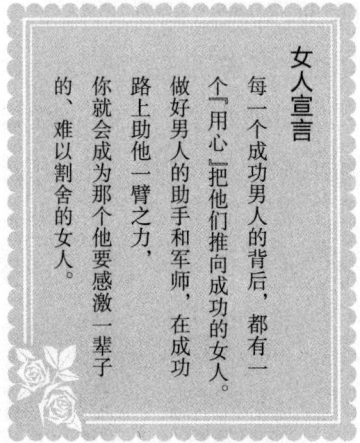

女人宣言

每一个成功男人的背后，都有一个"用心"把他们推向成功的女人。做好男人的助手和军师，在成功路上助他一臂之力，你就会成为那个他要感激一辈子的、难以割舍的女人。

《婚姻指南》的作者塞莫·伊塞克林说："一桩美好的婚姻最不可缺少的就是共同的理想，而理想是什么并不重要，无论是新房子还是环球旅行，关键在于你们之间要有共同的理想。"一个称职、优秀的妻子，一定要知道丈夫的梦想，并且协助丈夫实现他的梦想，帮助他找出生命中最渴望的东西。

好妻子，首先要扮演好家庭主妇的角色。家庭主妇是妻子的第一个身份，一个优秀的家庭主妇可以维持家庭的稳定。好的家庭主妇不仅让家庭生活井然有序，还可以作为一个引领者带领家庭成员一起寻找幸福。不要以为做家庭主妇很容易，优秀的家庭主妇不仅要同时承担所有的职业，比如厨师、管家、保姆、裁缝，还要做好自己，保持自己的魅力和活力。

有一对夫妇刚刚结婚，家里基本上是不开火的，要么轮流在双方父母家吃饭，要么去叫外卖，有时甚至到亲戚朋友家蹭饭吃。每天晚上男人和女人都要争吵一番，男人埋怨女人不做饭、不收拾屋子，没有尽到妻子的义务；女人则抱怨道："你又不是不知道我不会洗衣做饭，再说，结婚前你不是说不介意，还会帮我做吗？"

女人的闺密劝告她："我原来也和你一样，什么都不会做。结婚后就我们俩住，又不能老去双方父母家，就只能学着做了。男人啊，结婚前说得好，结婚后完全不是那么回事。"

女人不满地答道："我又没有故意隐瞒，结婚之前他就应该知道他想要的是什么，是想要个俏娇娘，还是老厨娘？是想要个出得厅堂的老婆，还是只入得厨房的黄脸婆？"闺密听了摇摇头，有这样的想法，这段婚姻肯定长不了。果然如此，一年后，他们大打出手后分道扬镳。

恋爱时男人追求女人好比钓鱼，用再多的鱼饵也不在乎，等鱼上钩了，那就另当别论了。男人的现实是理想主义的女人永远无法理解的。婚前男人将女人捧上天当公主，婚后女人的命运不是当皇后而是主妇，这是所有女人在结婚后无法逃避的宿命。

女人绝不是，也不应该成为男人梦想的观望者。妻子不仅是丈夫生活上的伴侣，更是丈夫实现梦想的参与者、合作者和助手。一个成功男人的背后一定有一个伟大的女人。很多时候，男人的成功与女人的协助存在很大的关系。

若想丈夫在事业上有所成就，就必须更多地了解丈夫的工作，竭尽全力帮助他，使他的工作更出色。做丈夫事业上的帮手，肯定会牺牲一定的时间和精力，但与丈夫的认可和增进夫妻感情相比，这些牺牲完全值得。

对丈夫的信任，其实就是对丈夫最大的支持。妻子是丈夫一生最重要的信徒，若想要丈夫成功，好妻子会对他无比忠诚，时时对他进行温和、耐心的鼓励和赞赏，让他们对自己充满信心。对男人来说，妻子是陪伴他们一生的人,是他们取得成功的坚强后盾。男人最想要的,永远都是那个无论贫穷还是沮丧时坚定地陪伴在他们身边,安慰他们、鼓励他们的女人。

从结婚的那一刻开始,丈夫和妻子就成了"一根藤上的蚂蚱",拥有同一个未来。只有团结一心,奔着同一个目标努力,才能达到双赢的效果。男人好,女人也好,家庭才能好,二者缺一不可。

每一个成功的男人背后都有一个伟大的女人。女人和男人的思维意识和角度均有所不同,两人交流沟通时,容易迸发出智慧的火花。做好男人的军师和助手,当你个人发展优秀时,无疑可以为丈夫的成功出力,这是一种两者共赢的完美结合。

第三章 爱自己——生命的终极幸福课

幸福，女人一直在寻找；幸福，女人一直都想拥有。当女人在拼命寻找幸福，拼命守护幸福的时候，却发现幸福和自己渐行渐远。女人太容易将幸福交与他人，却不知道，依赖他人获得的幸福就像是空中楼阁一样，是一种并不牢靠的虚幻，随时都会崩塌。

1．用最漂亮的姿态去爱自己

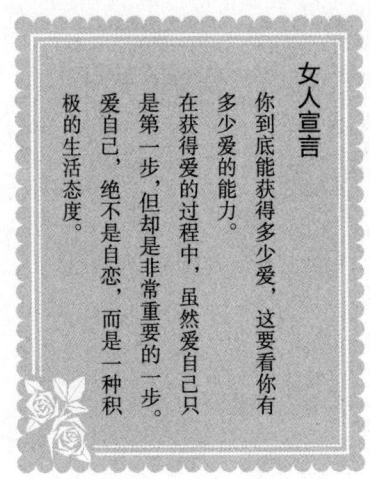

女人宣言

你到底能获得多少爱，这要看你有多少爱的能力。在获得爱的过程中，虽然爱自己只是第一步，但却是非常重要的一步。爱自己，绝不是自恋，而是一种积极的生活态度。

女人有着水一样的情感，习惯用细腻的心思去观察他人，总是能敏感地察觉出他人的情绪变化，然后给予他人关怀。不管是对朋友还是对爱人，不管是对父母还是对孩子，女人总是习惯性地付出自己的爱。女人在爱着身边每一个人的时候，有时会将自己遗忘，忘了去爱一下自己。那么，女人，你要记住：不要等待，就从这一秒开始，爱自己。

当买回一件华丽的衣服时，不要等到什么重要的场合，就现在为自己穿上；当周末只有自己一个人的时候，不要凑合，为自己做一顿美味大餐犒劳自己；当觉得生活单调乏味的时候，抛开柴米油盐，去一直想去的地方旅游，为自己的心欣赏美景。

吸引力法则中有这样一条，说你是什么样的人，你身边就会吸引什么样的人。如果你是一个自怨自艾、自轻自贱的人，你的身边也会聚集一帮这样的人。如此一来，负能量聚集在一起，人的负面情绪就会越来越严重。相反，一个冷暖自知的女性，就会吸引一些想法和性情相似的人对你嘘寒问暖。

爱自己对于女性生活的重要性不言而喻，这是一种神秘的女性本能。平时如果有人说我是个很娇惯自己的人，我从来不会否认。因为在我看来，爱自己是一种自我肯定和自信的表现，为什么不能对自己好一点、再好一点呢？为什么不把自己变得看起来更年轻、更有激情呢？

爱自己，不仅仅是自我欣赏，也是一种自我提高。爱自己可以让女人优化自我，从而使自己更加完美。适当的自恋还能提升品位和气质，让女人在众人面前表现出更加强大的自己。很多女性朋友吃了不爱自己的亏，她们把男人看成宝贝，伺候得十指不沾阳春水，自己把家务活儿大包大揽。结果，男人被惯坏了，自己则成了一再被忽略的对象。

如果女人不爱自己，会是什么样的情景呢？一个不爱自己的女人很容易依附于他人，一个不爱自己的女人很容易向别人不断地索取爱，一个不爱自己的女人不相信靠自己可以获得幸福，一个不爱自己的女人不相信靠自己可以很快乐。最重要的是，一个连自己都不爱的女人很难去爱别人。

在生活中，很多人会发现：那些懂得爱自己的女人，不仅把自己的生活过得潇洒多姿，她们还能把自己的家庭打理得很好；相反，那些不懂得爱自己的女人，不仅自己生活得一塌糊涂，其他方面也没有兼顾好。不是那些过得幸福的女人运气好，而是她们更懂得恰如其分地爱自己。

所以，女人，去爱自己吧，拿出自己最好的姿态来生活，这样的你更容易收获幸福。

爱就像氧气罩一样。作为女人，你若不能先爱自己，就不能完全地去爱别人，因为你没有足够的能力去爱另一个人。把这个爱的氧气罩给自己，把自己放在一个随时能获得氧气的空间里，你才会得到无穷的爱，你才有那个能力去给予爱。

2．懂得关爱自己的身体

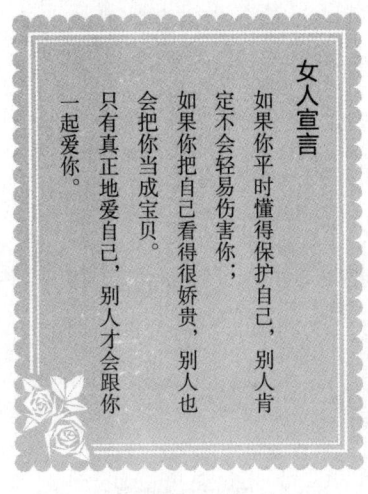

女人宣言

如果你平时懂得保护自己，别人肯定不会轻易伤害你；如果你把自己看得很娇贵，别人也会把你当成宝贝。

只有真正地爱自己，别人才会跟你一起爱你。

"我很爱我男朋友，从来都很听他的话。多么离谱都听。他不喜欢我玩某个游戏，我就马上删掉；他不喜欢我跟异性朋友发信息，我就再也不发……可是最近我发现自己哭的次数越来越多，我才开始思考我跟他到底有没有可能。我朋友中没有一个觉得他好，父母也认为他很不踏实。有一次我跟他讲起我家里人的意思，他说我父母有病。他从来不怕跟我分手，现在他跟我说话越来越不客气，经常让我滚远点。从认识他到现在一共才一年多时间，我已经流产三次……"

说这段话的女孩跟我只有一面之缘。22岁的年纪，正是盛放的年纪。或许是觉得我可信，第一次见面就互留了电话，她的心事都爱跟我讲。她说她的男朋友太自我、太自私。

也许是年纪太小的缘故，我可以从她的话语中感受到她的幼稚单纯，小女孩不懂事儿，但是也应该懂得爱自己。

我对她说："丫头，感情虽然是你们的，但身体是你自己的。你竟在一年多的时间里流产三次，男人不知道心疼也就罢了，如果连自己都不知道心疼自己，周围关心你的人还有什么可说的呢？不管怎样，女人都应该爱惜自己，特别是自己的身体。"

是的，女人最重要的是自尊自爱。爱自己，首先要从爱自己的身体做起。有了健康的身体，才能享受生活，才能有充沛的精力去获得生活和工作的乐趣；才有能力和勇气积极乐观地面临生活的挑战，把生活变得更美好。

琳琳是我一个好朋友的妹妹，由于脊椎有问题，所以她一直在家做自由职业，有事做的时候就做事，没事做的时候就闲着。她的生活状态听起来很舒服，每天可以睡到自然醒，又没有工作压力。她比较懒，自称会享受生活。前段时间，她突然感到胃痛，被送到医院，做了系列的检查后发现是胃穿孔，通过微量元素检查发现她严重缺钙。

据她的姐姐说，她几乎每天都在二三十平米的小空间里度过。平时很少晒太阳，一个人待在家，饮食不规律，身体能不抗议吗？

手术后，在家调养。我劝她没事多出来走走，多和人聊聊天。可是她已经习惯了现在的生活方式。一个多月后，正好我要给她介绍事情做。早上10点钟，给她打电话，还没开机，11点钟再打，电话里传来了她晕晕乎乎的声音，她说才刚刚起床。我问她晚上没有休息好吗？她却笑着说："哪有休息，昨晚又接了一个临时的活儿，催得紧，加班了。凌晨两三点才开始睡！"

很多女人把"爱自己"解释为"自我放纵"，通宵地熬夜、抽烟、饮酒、贪吃、贪睡，一天24小时化妆……这其实是在害自己。我们一旦失去了健康，也就失去了美丽，失去了活力，最糟糕的是，衰老的面容也会跟随而来。

不要为了短暂的美丽而损害健康。比如做一些美容手术,过度地减肥。我并不是一个过分传统保守的人,我可以接受女人描眉画唇,尽管我知道化妆品中也有很多有害成分,但我始终无法接受很多女人为了美丽,对身体的各种自残。比如说有的人为了保持身材的苗条,特意在肚子里养蛔虫;有的人不惜把好端端的肋骨拿掉,来令腰身显得更加纤细。这些行为不是美化身体,而是残害身体。其实,女人如花,牡丹有牡丹的富丽堂皇,梅花有梅花的清丽多姿,我们完全没有必要为了迎合他人而损害健康。

女人生命的本性是快乐的,如同绽放的鲜花、激荡的歌曲、迷人的芳香。真心爱自己的女人懂得幸福的秘密不在于获得别人的爱,而是好好地珍爱自己。而健康是一个女人最美丽的代言词,当你把爱温和地倾注于关怀照顾自己的时候,你会觉得上天对你是如此地恩宠,你是这样健康幸福地生活在这个世界上。健康是一朵动人心魄的康乃馨,女人的一生只有如康乃馨一样健康地盛开,才会最美。

身体和精神是息息相关的。对于女人来说,只有健康才是最美,女人的美丽是灵性加弹性的,拥有活生生肉体的健康女人,才会成为社会生活中最美的风景,才有资本去享受生活赐予的幸福。请记住:你可以和你的合作者共同拥有事业,可以和你的爱人共同拥有家庭,可以和你的知心者共同拥有思想,但你永远是你身体的唯一责任人。

3. 改变，懂得经营自己的美丽

一个没有任何能力和手段的人，很容易被人忽视。很多女人把"对自己好"理解为过上懒惰、舒服的日子。其实这是一个非常错误的观念。我们每个人都不是单独地存在于这个世界上，我们要与社会发生联系，别人的态度和行动会影响到我们的生活。

有的女人嫁了一个好丈夫，就以为自己会快乐一辈子，没有危机感，特别是

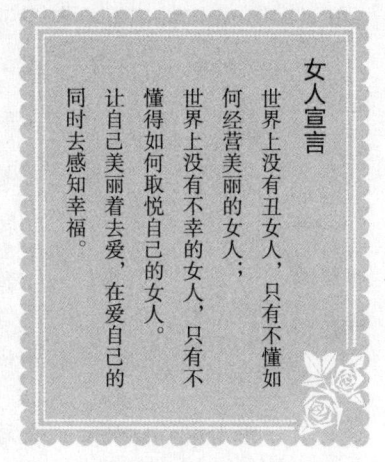

女人宣言
世界上没有丑女人，只有不懂如何经营美丽的女人；
世界上没有不幸的女人，只有不懂得如何取悦自己的女人。
让自己美丽着去爱、在爱自己的同时去感知幸福。

一些家庭主妇，她们的生活非常惬意，不用工作又有钱花，无聊的时候做做美容、逛逛街、看看小说……一个女人其实在物质上的满足远比在精神上的满足容易得多。女人如果总是不思进取，生活在现有幸福的"温床"上，其实是一件很危险的事：不去学习新鲜事物，不接触新鲜人，跟在商场第一线打拼的丈夫聊起天来就会心虚。久而久之，丈夫也不爱跟她说话了；她不提高自己、培养自己的修养，丈夫渐渐地也不爱看她了。她对丈夫来说，太没有吸引力了。

也许，有的女人会说："做自己最快乐！为什么去迎合老公？那样生活

多没意思。"是的，做自己最快乐，可是总是做一个糟糕的自己，我们能快乐吗？如果一个女人把"提升自己"理解为"迎合老公"，那她的生活当然没有意思。做最好的自己，才会最快乐。

我们提升自己，首先取悦的是自己。就好比，你穿一件漂亮的衣服，首先感受到心情愉快的是你自己，让人赏心悦目只不过是一个附带的作用；你学富五车、出口成章、举止优雅，首先让你对自己产生自豪感，让别人愿意主动来接近你只不过是一个附带的作用。

一个懂得取悦自己的女人，一定懂得打扮自己。从头发的样式到护肤品的选用、服饰的搭配到鞋子的颜色，无一不精心细致地去面对。打扮自己不光是一种单一的行为，更是一种自我调节心境的好方法。

我经常对一些婚后不注意形象的女人说，你也打扮打扮，减减肥吧。很多人都理直气壮地回答："我就这样了，他还把我甩了不成？"似乎要她们改变自己，是为了别人。如果别人没有需求，我们就不需要让自己变得更优秀、更漂亮一点吗？为什么不能为自己而改变？难道不用对自己的生活负责吗？

有一个女人，结婚后丈夫总是喜欢挑她的毛病。丈夫说她不会穿衣打扮，她便开始关注时尚；丈夫不爱回家吃饭，她就看烹饪教程；丈夫很少给她零用钱，她就努力工作挣钱。

几年的时间里，她有了很大的改变。她温柔又时尚、能挣钱还会做家务。在外人看来，她是软弱的、愚蠢的，为了他人在改变，生活在他人的评价中，失去了自我。

有一个很久不见的大学同学来到她家做客。对她说："为了一个不太爱你的人，你改变了原来的你，你这样做值得吗？你这样活着有自己的价值吗？你累吗？"

这个女人抿嘴一笑。这时，她的丈夫从外面回来，进门就递给了她一束美丽的鲜花，并热情地给了她一个拥抱。

这个同学没想到，改变的不仅仅只是这个女人一个人，还有她的丈夫。几年前，同学第一次见到他们的时候，她的丈夫表现出明显的优越感。的确，在那个时候，她看起来各个方面都配不上他。而现在，同学倒发现，她的各个方面都很优秀，他未必能配上她了。

傍晚，散步的时候，同学和她聊天。"你真的变了很多。是他让你改变的吗？"

"是的，是他让我改变，但我改变并不是为了他。"

"那为了谁？"

"我是为自己而改变！只是没想到我改变的同时，他对我的态度也改变了。"她接着打了一个比方，"以前之所以不能吸引他，是因为我身上的闪光点确实太少了。即使把我丢在大街上，他也不怕我被人捡走；现在的情况大不相同了，每次化了淡妆要出门，他总是千叮万嘱叫我早点回家，生怕我跟别人走了似的！"

的确，女人在婚前通常都会主动打扮自己，以最美的姿态展现在恋人面前，希望博得对方的赞美。她们从来不会去想，自己在岁月中慢慢熬成了"黄脸婆"，让那人看到自己老去的痕迹，看到自己糟糕的形象。可实际上，很多女人一旦结了婚，无形中就丢失了从前那个清纯可爱、羞涩文雅的自己了。女人婚后总是为了生活而勤俭节约，不再购买漂亮衣服，不舍得为保养脸蛋买化妆品，甚至不修边幅，说话大大咧咧，偶尔还脏话连篇。如果丈夫难得浪漫一回，碰上情人节、生日或结婚纪念日要送饰物、化妆品给她，她不仅不领情，还总要把丈夫呵斥一顿，认为他浪费，不会过日子。

结婚前素面朝天的你可以吸引男人，是因为有"年轻"作为资本，但是结婚后无情的岁月和烦琐的家务会逐渐吞噬女人的青春，这就需要用一些外在的东西来修饰自己。你可以不必每天都化妆，但必须购置一些护肤品，懂得护肤；你可以不喜欢逛街，但必须记得给自己添置新装。这样至少说明你还有爱美的动机。

聪明的女人，要记得让自己时刻保持美丽的姿态，是女人疼爱自己的方式，而不是为了取得"他"的青睐。

懂得取悦自己，是一种对生活的渴望，这是一种积极向上的心态。每个人都不可能完美无缺，只有客观地看待自己的不足，并努力地去提升自己，让自己变得更优秀，不是为了别人，而是为了你自己！

4．以橡树和木棉一般的姿态享受爱情

在心理学上，有一种称为"斯德哥尔摩综合征"的疾病。这种病的症状是，患者对于压迫残害自己的人不但不抗拒，反而会产生敬仰、欣赏或者依赖的情绪。

20世纪70年代，两名有前科的罪犯在企图抢劫瑞典首都斯德哥尔摩市内最大的一家银行失败后，挟持了4位银行职员。在警方与歹徒僵持了130个小时之后，最终以歹徒放弃而结束。

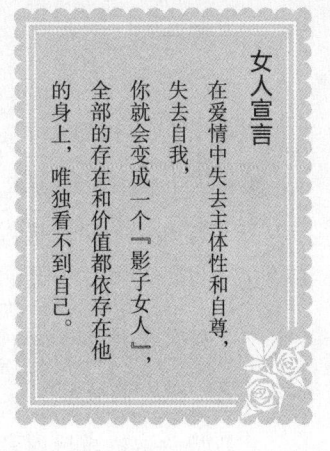

女人宣言
在爱情中失去主体性和自尊，失去自我，你就会变成一个"影子女人"，全部的存在和价值都依存在他的身上，唯独看不到自己。

然而，这起事件发生几个月后，这4名遭受挟持的银行职员，仍然对绑架他们的人显露出怜悯的情感，他们拒绝在法院指控这些绑匪，甚至还为他们筹措法律辩护的资金，他们都表明并不痛恨歹徒，并表达他们对歹徒非但没有伤害他们还对他们进行照顾的感激，并对警察采取敌对态度。更有甚者，人质中一名女职员竟然还爱上劫匪中的一个，并与他在服刑期间订婚。

人质为什么到最后反而要帮助歹徒呢？人性能承受的恐惧有一条脆弱的底线。当人遇上了一个凶狂的杀手，杀手不讲理，随时要取他的命，人

质就会把生命权渐渐托付给这个凶徒。时间拖久了，人质吃一口饭、喝一口水，每一次呼吸，他都会觉得是恐怖分子对他的宽容和慈悲。

在爱情中很容易出现一个现象，就是你最依恋、最忘不了的人往往是伤害自己最深、对你的感情践踏得最狠的人。其实这绝对不是说那个人最好，而是你因为患了爱情"斯德哥尔摩综合征"了。

你可以去爱一个男人，但是不要把自己的全部都赔进去。没有男人值得你用生命去讨好，女人要想让男人为你折服、被你吸引，就一定要学会照顾自己，哪怕一个人也能过得精彩。一个聪明的女人会懂得：你若不爱自己，又怎么能让别人爱上你？

姗姗是家里的独生女，父母含在嘴里怕化了，捧在手里怕碎了，所以，姗姗从小都不知道怎么照顾好自己。

长大后离开了家，第一次失恋的时候，她心碎欲裂，打电话叫来好朋友阿楠。

"没想到他这么无耻、这么无情，我不好过，也不会让他好过，"她声泪俱下地在阿楠面前控诉那个男人的不是。

"别伤心了，先照顾好自己吧。"阿楠看到朋友凌乱的房间，鸡窝似的一头乱发，哭肿的双眼，忍不住替她难过。全心全意恨一个男人，可怜的女人已经两天没有吃任何东西了，而姗姗自己也根本不会做饭，平常都是快餐和方便面解决一日三餐。

于是，阿楠去楼下的超市买了做粥的食材，准备给姗姗做粥。

阿楠边熬粥，边跟姗姗说："与其花时间去恨一个人的无情抛弃，还不如多花点时间好好地照顾自己，只有自己爱自己，男人才会更加爱你。"

姗姗似乎听懂了阿楠的话，不再流泪，也不再控诉那个男人的不是，后来，她多次邀请阿楠去教她学煮饭。她慢慢学会了照顾自己，有时间还邀请朋友们去她家里尝她的手艺。她慢慢变得快乐起来，身边的追求者也越来越多。

大多数感情容易受伤的女人的思维是这样的：你不爱我，可我就是爱你。所以，她们受伤是咎由自取。那些懂得保护自己的女人往往有这样的心态：你不爱我，我为什么爱你？所以她们不会轻易受伤。

卡耐基对女人一生幸福的忠告是：学会喜欢自己。斯迈利·布兰顿博士在《爱与死亡》中写道："每个健康的人都有一定程度的自恋。这是正常的。自恋是完成工作和取得成就所应具备的必不可少的因素。"女人，要想快乐、幸福地生活，首先要做到的就是爱自己，比爱任何人更爱自己。很难想象，一个连自己都不爱的人，会有多爱别人。

常常听到女人这样哭诉："我真的很爱他，我不舍得吃、不舍得穿，却给他买很贵的东西，他竟然喜欢上了别人。"到此为止吧，千万别再说了，再说下去，我怕自己会忍不住内心的愤怒骂你。你以为，为男人省吃俭用、为男人委屈自己，男人就会感激你、就会更爱你吗？别傻了，男人最爱的永远都是自己。如果尝试着说一句："我爱你，但我更爱自己！"让他看到不一样的你，他或许会对你另眼相看。

学会爱自己吧！记住，失恋是一段恋情的结束，同时也是一段新恋情的开始，就像我们常说的："当上帝为你关上了一扇门，必然会为你打开一扇窗。"即使经历了失恋的痛苦，要知道生活并不总是苦涩的，只要相信爱、心中有爱，爱情的大门总会向你敞开。

在感情世界里，投入越多的一方往往处于被动状态，也越容易受伤。我们经常看到这样的情景：某女疯狂地爱上了某男，可此男就是对此女不理不睬，他越是冷落她，她越是对他情有独钟。突然一天，此男对此女说了一句好听的话，或是给了她一个笑脸，此女就感动不已。

所以，作为一个内心强大的女人，在任何时候都要把爱自己记在心里。当一个男人疏离你时，记得选择骄傲地走开，让距离保持两人之间的美丽，然后好好爱自己。在这难得的一个人的时光里，听一场音乐会，看一场电影，一个人去旅行、做做美容，每天把自己打扮得优雅得体，让自己带上迷人的笑容，去迎接生命中所有的困难与挑战。

记住，只有懂得爱自己，男人才会更加爱你。从现在起，每天给自己多一点关爱和宽恕，就会拥有不一样的人生。

拒绝受伤最好的办法就是，"我爱你，但我更爱我自己！"你可以疯狂地迷恋某人，但是你必须加倍地爱自己。先把自己照顾好，再去照顾别人；不要为了爱对方，而迷失了自己。你只有先学会了爱自己，才能更好地爱别人，也才能更智慧地爱别人。

5．失败是一次重生

最近听朋友说另一个朋友和男友分手了，我很担心，赶紧打电话问候，哪知她满不在乎地说："大姐，你没事吧？不就是失恋吗，人生的必经之路，大不了我再找个更好的。三条腿的蛤蟆不好找，两条腿的男人可多得是。"对待失恋，越来越多的女人已经从过去的一哭二闹三上吊，变成了如今的满不在乎，这不能不说是社会发展的一个进步。

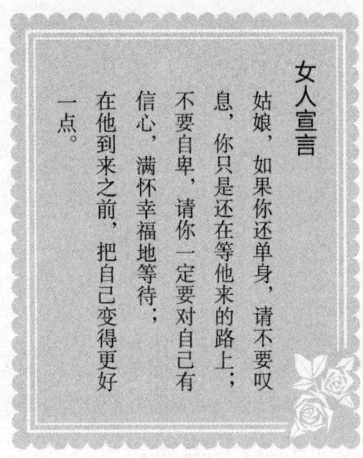

女人宣言

姑娘，如果你还单身，请不要叹息，你只是还在等他来的路上；不要自卑，请你一定要对自己有信心，满怀幸福地等待；在他到来之前，把自己变得更好一点。

尽管女人已经学会用各种方式进行自我安慰，但不可否认的是，失恋对女人来说是一种巨大的伤害。但毕竟生活还要继续过下去。其实，失恋真的没什么大不了的，甚至还有人自嘲："你没有失恋过？真可怜，你的人生注定不完整。"看到这句话，我禁不住哑然失笑，是啊，现在不都流行有缺憾的美吗？爱情也同样如此，完美的爱情多少显得有点缺少激情。

很多时候，失恋在带给人们痛苦的同时，也成为人们奋发向上的巨大动力。古今中外，因为失恋而在事业上取得成就的人不胜枚举。失恋是痛苦的，让很多深受其苦的人不堪回首，却阴差阳错地成就了他们的成功。

英国著名流行女歌手、世界流行天后阿黛尔的成名就是"拜失恋所赐"。阿黛尔是私生女，父爱的缺失在无形中影响着她，她早熟、敏感，不了解男人，却乐意亲近且轻易相信他们。

18岁时，她正式成为一名歌手，初恋男友就是她的粉丝。26岁的他是个穷困潦倒的画家，高大英俊、成熟稳重，她被轻易征服了。他们很快同居了，为了赚取巨大的生活费用，她马不停蹄地奔走于演唱会之间。即便如此，短短几个月后他就背叛了她，他们分手了。痛苦的阿黛尔哭泣、喝酒、砸东西，但都无法平静下来，脑子里却突然响起了哀怨的旋律，这就是著名的《Chasing Pavements》。紧接着，她又写了很多情歌，并发表了首张专辑《19》，一炮而红。

成就了阿黛尔事业巅峰、将她推向国际舞台的是第二次失恋。《Someone Like You》讲述的是阿黛尔的第二次恋爱，这也是她最刻骨铭心的一段恋情。与她的初恋男友相比，大她10岁的奈德显得更稳重、更注重生活细节。和他在一起，阿黛尔感受到了"被大男人照顾的感觉"，对他产生了很大的依赖。但在一年后，奈德提出分手后火速与另一个女孩订婚，令她大受打击，《Someone Like You》随即诞生。失恋在此激发了她的音乐灵感，她很快推出了第二张专辑《21》，引起了强烈的反响。

虽然失恋让阿黛尔写出了不少好歌，但她却说："我希望我从来没有经历过'被分手'，我不希望他说'对不起，我们分手吧'这样的话，而且我也不想再写分手专辑了，人们应该也听够了。"

阿黛尔的愿望实现了，一次偶然的机会，她邂逅了37岁的离异男士西蒙·柯内基。他出身贵族，家世显赫，温文尔雅。为了表达对阿黛尔的爱，西蒙不顾家族的强烈反对，执着地守护着她。他从不缺席她的演唱会，总是会及时送上美丽的鲜花，甚至在她声带受损差点不能再唱歌的时候鼓励她，带她去最好的医院治疗。阿黛尔终于被感动了，她说自己"不会再写另外一张关于分手的专辑了"。

我想说的是，失恋只能说明一段生活结束了，还有更美好的生活在等着你。分手了就不再去找他，那样只会让你觉得更难堪。有些女人偏不，当男人提出分手时，往往是拼命祈求，如果男人心意已决，被迫答应分手，也在内心深处仍然对男人有所期待，期望男人有一天会回头。但是男人一旦下定决心，必定是经过了很长时间的考虑，做再多挽留都是徒劳，因为他心中已经不再有爱。对于一个不爱你的男人，在委曲求全、成功挽回的同时也悄悄地转让了自己的情感优势，出现下一次分手也没什么可稀奇的。遇到这种事，不要奢望有人会同情你，因为你做的事根本不值得同情。

谁都以为拥有的感情也是例外，在变淡之外。谁都以为恋爱的对象刚巧也是例外，在改变之外。然而最终发现，除了变化，无一例外。

放过自己，是一个懂得爱的女人爱自己的方式。其实一切好的爱情，就是能够让女人不再感到恐惧和彷徨。那是像指甲一样的爱情，剪掉之后，不那么刺痛，剪掉后还会生长。只有这样的感情才是值得珍惜一生的。坏的爱情像牙齿，拔掉就不会再长出来。

所以，女人们，请及时离开那些伤害你们、无法给你们承诺和幸福的男人。虽然，你的心可能会疼，你的姿态可能会仓皇，却总好过战死沙场、老无所依的命运。记住，失恋婚变也是一次重生，你还有下一片战场！

很多女人固执地认为：守候是情调，坚持是信念。正是这样的做法和想法，让女人在爱的战场上死得悲惨。爱情不是永恒的，爱情像我们的生命一样，有一天会终结在某个地方。况且，在我们的生命中，爱情只是微不足道的一种需要，很多东西在爱情的面前更为重要。

6. 你是如何看待你自己

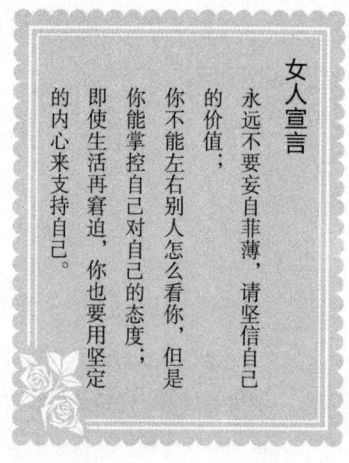

女人宣言

永远不要妄自菲薄,请坚信自己的价值;

你不能左右别人怎么看你,但是你能掌控自己对自己的态度;

即使生活再窘迫,你也要用坚定的内心来支持自己。

在心理学上有一个词叫作"自尊",这个自尊不是我们平常所说的"自尊心",是个体对一般自我或特定自我积极或消极的评价,也是人对自我行为的价值与能力被他人与社会承认或认可的一种主观需要,是人对自己尊严和价值的追求。这种需要与追求如能得到满足,就会产生自信心,觉得自己有价值等;否则就会使人产生自卑感、软弱感、无能感。

自尊分为高自尊和低自尊。高自尊就是指个体具有良好自尊,具有高自尊的人能自己管理自己,自己指导自己和监督自己,能有效地应对生活中出现的种种挑战和各种问题,他们相信自己在这个世界中的价值和意义,能坦然接受别人的尊重和期待;低自尊的人往往具备很强烈的心理防卫机制,他会将自己掩盖起来,然而也很容易受伤害,因为一旦他的防御机制被打破了,就会产生认知偏差,从而导致行为的偏差。高自尊的人更受人欢迎,也更容易成功。

有一个外地女孩，跟一个男孩谈恋爱了。这个外地女孩开始并不受男孩家人欢迎。首先，这个女孩不是本地人；其次，她的家庭条件一般；最后，她长得并不太漂亮。当男孩把女孩的这些情况向父母一一汇报之后，父母连连摇头。

后来，女孩不卑不亢地与男孩的母亲进行了一次长谈，让他们彻底改变了对自己的看法。现在这个准婆婆对她非常好：经常让女孩到家里去玩，还特意煲汤给她喝，几天没见面了就打电话给她，生怕这个儿媳妇飞走了。

我们问这个女孩是怎么做到的。女孩淡淡地一笑，说："首先，我并不觉得我是外地的，就配不上他。相反，如果他找一个本地女孩，人家很可能看不上他不说，就算看上他了，他也未必受得了本地女孩的脾气。"

"其次，我的家庭条件不富裕但也不贫穷。我跟她的儿子结婚，并不是看上了他们家的什么，现在我有能力让自己在这个城市过上好生活，我不需要依靠谁。如果有必要，可以做一些婚前财产公证。"

"第三，我现在的工作虽然月收入比不上高级白领，但是工作很稳定，也是我擅长和喜欢的工作，而且福利待遇都还不错，重要的是领导信任我、喜欢我。"

"最后，虽然我长得不属于美人级别，但是也不丑，如果一个男人娶一个花枝招展的女人回家，他放心吗？婚姻需要稳定。"

就凭着这几点，说得老太太口服心服。我们一直认为，老太太完全被她的气势所折服了。现在他们即将结婚。女孩在男孩心中是女神，在他妈妈面前，又是个懂事又自信的好媳妇。

这个女孩对自己有正确的认识，准婆婆对她的看法丝毫不影响她对自己的看法，甚至对她的情绪都产生不了影响。她能很客观地分析自己的优势。

其实，一个人在意别人的看法也是正常的，了解自己在别人眼中的形象，是激励自己、提高自己的重要途径，但是你至少要做到两点：第一，分析别人评价你时的立场；其次，你自己是否能客观地评价自己。

现实社会中，每个人所处的环境以及站立的立场不同，对事物的评价也是截然不同的。婆婆们在一起聊天，总不免要说各自家中的媳妇是如何地挑剔，自己养大儿子是多么地不易；而媳妇们一起聊天，总会说家中的婆婆管得如何多，是如何地不识相等。大家都觉得自己委屈、自己有道理。事实上又是如何呢？如果把婆婆和媳妇分成两大阵营来打擂台，绝对难分胜负，因为她们各自都有理。

所以，无论什么时候，不要太在意别人的看法。你只要知道你是谁、要做什么就足够了。这个世界上很多的事其实是没有对错的，只是看待的角度不一样，别人对你的评价亦是如此。世界如此险恶，有的人为了自己的利益，有意贬低你，以达到打倒你，让你知难而退，主动下位的目的。

我们周围的世界是错综复杂的，所面对的人和事总是多方面、多角度、多层次的。我们每个人都生活在自己感知的经验现实中，别人对你的看法大多有一定的原因和道理，但不可能完全反映你的本来面目和形象。别人对你的态度或许是多棱镜，甚至可能是让你扭曲的哈哈镜，所以你怎么能期盼别人客观地评价呢？所以，不管别人如何说，最重要的是自己看得起自己。

7．不要怀疑对自己的判断

你认为自己是优秀的，这还不够。你还需要坚信你永远都是优秀的。无论发生了什么事，都不要怀疑你对自己的判断。

大多数时候，你不可能生活在自己的理想中。你想永葆青春，但是岁月却从不饶人；你想和他白头偕老，可是感情从来都是靠不住的东西。你无法躲避生活中那些不如意……这些都不重要。

> **女人宣言**
>
> 对于女性来说，爱自己是一件重要的事情。爱自己的优点和缺点，爱自己的相貌和外表，爱自己所做过的每一件符合道德和法律的事，不管它是成功还是失败。

重要的是，你要知道：生活的主线应该由我们自己去规划，而这些不如意不过是一些小小的插曲，不要让它们影响我们未来的生活。

叶青硕士毕业之后就跟着好朋友到桂林去发展了。朋友说要给她介绍一份好工作，工作轻松、工作环境好、薪水也高，她信以为真，怀着对未来生活美好的憧憬就跟着去了，到了之后才发现和朋友说的情况有天壤之别。她落入了传销组织。然而，当时的她对传销并不了解。去的第一天，她就首先被要求缴纳了3000元的入会费，她几乎掏光了所有的钱。

接着就是上课,讲课老师的一套说辞似乎滴水不漏。更重要的是,经常有一些升到一定级别的代理员们也来给他们讲课,让大家看到光鲜亮丽的一面,觉得做到那个级别肯定就赚钱了。

当时,她们二十几个人在一间十几平米的小房子打地铺。吃的是最便宜的白菜、土豆和胡萝卜。冬天没有热水,做饭、洗碗、洗衣服用的全是凉水。那一年冬天,她的双手满是冻疮。而她们"上课"也是偷偷摸摸。有时为了逃避警察,她们常常夜里2点钟就要起床,走一个小时的路程,赶到简陋的教室"上课"。

尽管当时条件很差,但是她坚信就像他们所说的那样只要通过自己的努力,就会赚大钱。她坚信这里就是事业的起点。

在她的推荐人的怂恿下,涉世不深的她叫来了自己的家人和亲戚。但是她们发展得并不顺利。一年时间后,不仅没有什么收入,到最后连吃饭的钱都没了。无奈之下,她们只得选择离开。

她的亲戚朋友们跟着她赔了钱之后,就视她为扫把星。她在村里背负了一身的骂名。人们碰到她,背后都会指指点点"那个搞传销的"、"书读傻了的人",感觉她在外本科四年、研究生三年的时间,都是去做了些见不得人的勾当。

她觉得丢人,在亲戚朋友面前有点抬不起头。一个研究生居然带着大家去做传销,而且让那些信任自己的人损失那么多。当时只是鬼使神差,想法很简单,就是想帮助贫苦老乡们早日摆脱贫困状态。一念之差,哪想到钱没挣到,还让自己臭名昭著,这是她人生中一段惨痛的经历。

很长一段时间,她不敢回家乡。她的自信心和自尊心受到了严重的打击。但是她并不是有意要欺骗谁,不能让自己总是受人唾骂,所以,为了证明自己,为了争一口气,她找了一份与自己专业相关而自己又擅长的工作,踏踏实实地去做。

她把别人用于喝咖啡的时间用来看行业资料，节假日也不敢浪费一分钟的时间，她作为一个新手，以最快的速度在单位站稳了脚。她单独负责的几个项目在市场上受到了好评。她上学时的那份自信终于又回归了。而当她再一次回家乡的时候，乡亲们也知道了她在外面的成就，以前的事大家也再也没有人提起了。

时隔六七年，现在的叶青在一个企业做高层主管，非常自信，她说："幸亏当时没有一直沉沦下去。我不相信这辈子就让一次传销经历给毁了！"

很多女人本来是很优秀的，但是由于一些不幸事故的降临，让她们失去了原有的优越感和自信心，从此开始怀疑自己。其实，一个人的价值并不会因为她经历过一些挫败的事而发生改变。这就好比你手中的一百元钱，你把它揉成团扔在地上，然后狠狠地踩上几脚，当你捡起它时，它还是一百元钱，并不会因此而掉价。

不要让那些不幸的事阻止了你前进的脚步。即使你曾经犯了错也没多大关系，你要意识到，别人因此对你产生的一些不良评价也是情理之中的事情。他们有批评你的自由，你也有改正自己的权利。我们的生活是奔向未来的，而不是回到过去。

其实一个失败的过去完全可以转变成前进的动力，试着正面审视自己，根本不必紧张，你还有大把的时间和机会证明你的优秀。走出过去的魔爪要靠自己的力量。

过去的事情消失在流逝的时光里，你是再也找不回来了，它仅仅代表你生命中流逝的部分，并不代表现在，更不能代表

闺中密语

记忆总有美好的，同样，记忆也有让我们不堪回首的一幕。面对那些不堪的过往，一个聪明的女人不会在过去的错误里驻足。是的，我们应该珍惜眼前、展望未来，重新获得失去的快乐与成功。

未来。所以，我们无须沉浸在过去的悲伤里。一位哲人这样说："未来的种子也深埋于过去的时光里，如果你不能正视自己的过去，很难让你的现在和未来开花结果，这可能会导致更多、更大的不幸。"所以，无论过去发生什么事，女人都要有重头再来的勇气，把握现在所有的一切，把自己变得更好，让未来的自己配得上现在的自己所受的一切苦难和不幸。

中篇

梅骨竹心,事业是女人最强大的支撑

第四章 绽放梦想,做你想做的女人

有梦想的女人,犹如夜幕中的烟火,绽放得美丽璀璨,让人流连忘返。内心强大的女人,一定是一个拥有梦想的女人,她用梦想捍卫自己的精神领地,与庸庸碌碌的生活划清界限,让自己的人生处处闪耀着夺目的光辉。

1. 紧握梦想的手，大步向前

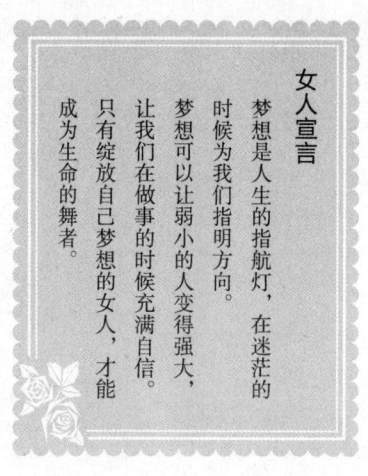

女人宣言

梦想是人生的指航灯，在迷茫的时候为我们指明方向。梦想可以让弱小的人变得强大，让我们在做事的时候充满自信。只有绽放自己梦想的女人，才能成为生命的舞者。

梦想是一种追求，梦想是一个目标。有梦想的人，日子是充实的；有梦想的人，生命是闪光的。梦想让灰色的现实在女人天生浪漫的头脑里加上了粉色的底片，没有梦想的女人，就好比一颗失去光芒的钻石，没有了那本应夺目的光华。

时间在生命长河中流淌，生命斑驳的小船也在时间的托浮下驶向未来，每个女人心中都有自己的梦想，或高或低，或大或小。

梦想可以支撑女人的精神世界，是女人心灵的绿地，在人生旅途干涸的时候，滋润、慰藉女人的心灵。一个真正善待自己的女人，永远都会善待自己的梦想，依靠着梦想陶冶自己的情操，培养女人的气质和修养。女人只要有梦想，就要珍惜机会大步前行。只有这样才能看到明天的幸福光芒。

有些女人原本是有梦想的人，只是后来因为生活琐事，放弃了自己的理想。她们说，这都是不得已而为之的，其实不然。梦想与他人无关，梦想存在于内心深处，只要坚定信念，就不会动摇。一个内心强大的女人，绝不会因为生活中出现了一个他，出现了一份繁忙的工作，出现了一个可爱的孩子，出现了一个温暖的家庭，出现了一个措手不及的意外，就放弃自己的爱好和理想。因为任何东西也取代不了梦想在她们精神世界中占据的分量，取代不了它带来的精神愉悦。

莎莉·拉斐尔是美国著名播音员，不过在她成功的路上，她曾遭遇了18次的打击。

有一天，拉斐尔来到了一家国家广播公司，与一位制作人聊起了她的节目构想。听完之后，那个人说："我相信公司会有兴趣。"

拉斐尔原以为自己的理想终于要实现了，谁知没过多久，那个人却离开了国家广播公司。没过多久，拉斐尔又碰到了该电台的另一位职员，再度提出她的构想。此人也夸奖是个好主意，但是不久此人也失去踪影。最后，她遇到了第三个人，百般解释后，那人才答应了她的请求。不过，他提出要拉斐尔在政治台主持节目。

拉斐尔说："我当时觉得，自己已经完蛋了，因为我不懂政治。每天我都在抱怨自己，为什么做什么什么失败，从来没有看到希望的存在。"后来，她的丈夫热情鼓励她尝试一下，这才让她有了些许信心。

到了第二年，拉斐尔的这档节目终于与观众见面。凭借着对广播节目的了解，拉斐尔利用自己的经验和平易近人的风格，大谈她对7月4日美国国庆的感受，又请听众打电话谈他们的感受。

这期节目播出后，立刻引起了听众的欢迎，而拉斐尔也越来越被听众喜欢。通过自己的勤奋，她战胜了多次挫折带来的压力而一举成名。

如今，莎莉·拉斐尔自己创办了电视节目，并再次取得成功，曾两度获奖。在美国、加拿大和英国，每天都有800万观众收看她的节目，她终于实现了当年的梦想。

成功后的拉斐尔说："我的一生，曾被辞退18次，但是，我一直没有放弃自己的希望，上帝只掌握了我的一半，我越努力，我手中掌握的一半就越庞大，有一天，我终于赢了上帝。"

"我赢了上帝"这句话曾经作为标题，出现在美国的许多媒体上，包括美国国家电台对她的一个访谈录。很多梦想都没有想象中难实现，只是看你有没有勇气迈出第一步，因为很多时候，我们在没迈步的时候就已经退缩了。

只有为了梦想径直前行，才有可能到达幸福的彼岸，中途改变航道或者害怕途中风雨的小船终究会搁浅、被打翻而葬身大海，无法实现梦想。就像拉斐尔一样，被辞18次依然没有放弃自己的梦想，因为她相信自己，她相信自己的梦。

女人的心态是梦想的寄托体，女人的态度会决定行走的速度。这种态度不仅可以用到梦想上，还可以运用到生活、工作、家庭中，用到女人梦想的每一个实施阶段，而且让女人终生受益。

在平凡的生活中，梦想是我们调节生活的润滑剂，我们的人生旅途里需要携带的东西有很多，但是有一样千万不能忘记，那就是梦想。一个有梦想的女人才能走得更远，才能缔造出辉煌。只要给梦想插上翅膀，再平凡的女人也注定不平凡。没有什么比梦想更重要，只要有了向往，才会拥有快乐，梦想就是一支画笔，为明天画出一幅幅壮丽的人生蓝图。就像拉斐尔所说，有梦想、有希望，你才能成为一个"永远年轻"的女人。

这个世界本不完美，所以需要我们用梦想来装点。女人本身就有天生的浪漫思想，残酷的现实无疑是在给她们泼冷水，然而有了梦想、有了憧憬，所有的一切将不会只是灰色。

做一个坚持梦想的女人吧！只要有不平凡的梦想，就会永远是自己生命里的主角，才不会像陀螺一样围着生活乱转，把自己的青春消磨在日常的琐碎里；只要心存梦想，不管前面的路多么泥泞，心中总有旖旎的风景；只要有梦想，走在哪里，都能跳出最完美的舞姿。女人，善待自己，给自己的梦想插上翅膀，你就会飞上天际，做你想做的那朵云彩，成为这个世界上最幸福的人。

很多时候，女人生怕自己不够幸福，以为不幸是环境和他人造成的。其实，女人只要在心中拥有一个梦想，然后用积极的心态和不停止的脚步作为梦想的基石，跟随心中梦想的召唤前行，那么，她的人生永远不会苍白。

2. 女人不是天生的弱者

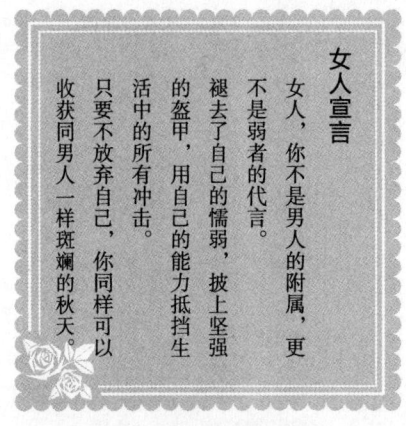

女人宣言

女人，你不是男人的附属，更不是弱者的代言。

褪去了自己的懦弱，披上坚强的盔甲，用自己的能力抵挡生活中的所有冲击。

只要不放弃自己，你同样可以收获同男人一样斑斓的秋天。

自古以来，人们都有男强女弱、男刚女柔的观念。其实，一个人是强是弱并不是天生的，多半是后天塑造的。中国古代对女孩的教育是"女子无才便是德"，在家从父，出嫁从夫，而男孩却是"金榜题名，光宗耀祖"，在家要独挑大梁，做一个顶天立地的男子汉，男主外，女主内，女人的地位永远只是"从"。

小时候，男孩的玩具是枪、车等，而女孩的玩具却是各种娃娃，或者是漂亮的花；父母常说男孩讲话要洪亮，这样才有出息，而女孩讲话要轻柔，这样才有女孩的样子，男孩要以剽悍的姿态出现，而女孩永远小鸟依人最好，不然就会被冠以"河东狮吼"的称号。

诸如以上此类这样的教育方式，势必将女人塑造成男人的附属品。

"休言女子非英物，夜夜龙泉壁上鸣。"女人也是人，不是天生的弱者，为什么要依附男人而生活呢？况且，面对越来越大的生活压力，很多男人都觉得：女性过分向男性"示弱"，只能让他们产生压力。女人若适度显示自己的能力，才能使他们对未来产生安全感。所以，女人应该适当地强大，不应像那些为赋诗词强说愁的小女人们整天无所事事，消磨自己的青春，从而错过身边的许多风景。鼓起勇气展望未来，不必做个女强人，但至少可以做个强大的女人。

在很多人眼中，林维都是一个有福气的女人，老公在一家外企做企划经理，收入不菲，而她自己也有一份不错的工作。有了孩子之后，为了方便照顾孩子，林维也心安理得地在家做着全职太太，从此，外面的风风雨雨都与她无关。那段日子林维每天都把家里打理得井井有条，还会为老公做可口的饭菜，这样平淡的生活，林维觉得幸福而安然。可是最近林维却发现老公对自己有些冷淡了，下班回到家不是看书就是看美剧，很少主动和她说话。

有一次，林维打电话问老公晚上吃什么，老公很不耐烦地挂了电话。林维终于忍不住了，因为之前老公对自己一向温柔，最近几天都很反常。老公回到家，林维泪眼婆娑地质问老公。老公说："你每天除了在家待着还会什么，我觉得和你没有共同语言，你就不知道学点什么吗？"一席话把林维说得哑口无言。

林维认真思考了老公的话，老公每天接触的都是企业高管，见识自然不同，而自己天天柴米油盐，三年下来感觉真的跟社会脱节了，所以和老公之间的确没有什么共同的话题。如果照这样下去，和老公真到无话可说的地步，那可就危险了。

于是，林维决定好好调整自己。她听说学语言可以让一个人变聪明，于是决定去学英语。当她征求老公的意见时，老公高兴地说："不错，只要想学，我完全支持你，等咱们以后出国旅游也能用得上。"

就这样，林维报名参加了英语培训班。虽然之前有基础，但毕竟好多年不用了，口语表达能力还是挺差的，不过好在教口语的外教老师很耐心，林维自己也很刻苦。晚上吃完饭，林维就在卧室里复习，老公对林维的变化表示很支持，也会陪她一起对话，练口语。

为了以后在出国的时候能够说一口流利的英语，林维又选了旅游英语部分的课程。在学习的这段时间，林维感觉和老公之间不再像以前那样没有共同话题了，老公还经常和林维一起讨论他工作中的事情，之前和谐的状态又找回来了。

几个月下来，林维感觉自己进步了很多，口语说得很流利。那天，她去一家外企单位面试兼职，在众多的竞争者中，林维以实力胜出。面试官对林维说："你的英文很棒，而且你的生活经历让我们相信你是一个有责任感和上进心的人。"

通过学习，林维感受到了重新工作的自信，还和老公重新找回了往日的甜蜜，更重要的是找回了自身的价值。

在不断重视女性价值的今天，一些女性开始在婚姻之外寻找更加独立的人格和尊严。婚姻，不再是现代女性生命中唯一的选择和归宿，它被赋予了一种更深层次的意义。既要有事业，也要嫁得好，鱼和熊掌两者皆要兼得，这是现代女性的时尚婚姻宣言。事业，可以让女人从精神上找到寄托，同时使女人在经济上得到独立。

事业让优雅的女人一直处于潮流先锋，心态永远年轻。聪明的女人应该拥有自己的工作，不能抱着"找个好工作不如嫁个好男人"的依赖思想；哪怕收入再少，也不能辞职，虽然你那一点微薄的工资根本不算什么，关键在于你要的不是那些收入，而是工作带给你的自信。

其实，在现代社会大多数男人的心中，都渴望自己的女友或妻子能成为与自己同进退、心有灵犀的红颜知己。由此，身为女性你将不难发现，在这个崇尚个人奋斗的今天，还是自己先干得好，生活才保险些。在事业和婚姻之间求得一种平衡，两个人各有事业，经济独立，并肩作战，才能共同感受到幸福的滋味、爱情的甜蜜。

闺中密语

作为女人，你要相信自己不是弱者。要树立信心，自强自立，相信自己能撑半边天。不管是在经济上还是在精神上都不要依附于男人，要有和男人平分秋色的霸心，并不断地完善自我，通过自身的努力，不断地进步，用实力来证明自己是一个充满朝气、魅力、强大气场的完美女人。

3. 靠男人不如靠事业

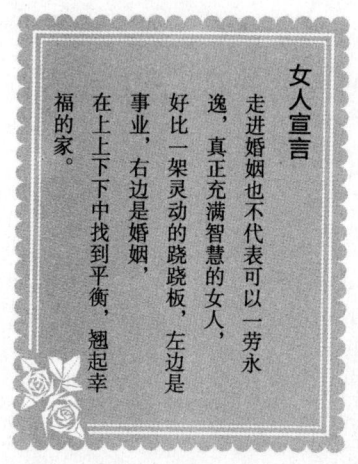

女人宣言

走进婚姻也不代表可以一劳永逸，真正充满智慧的女人，好比一架灵动的跷跷板，左边是事业，右边是婚姻，在上上下下中找到平衡，翘起幸福的家。

对于女人而言，走进了围城象征着另一种生活的开始，这种生活可能是从此安逸地做个贤妻良母，在家里相夫教子；也可能是变得比以前更忙碌，事业家庭两头顾。

很多女人在面对这两种生活选择的时候，往往会选择后者。一方面，有些女人的思想里还保留着"男主外，女主内"的观念，认为女人干得好不如嫁得好，嫁人了就可以减轻生活负担，将重担交给身边的那个男人，让他替自己扛起一片天；另一方面，有些女人是"迫不得已"，毕竟有了家庭之后，女人不再是以个人为中心的，她们习惯以家庭利益为中心，把家庭当成自己可以依靠的"壳"，以夫为贵，以子为荣。

在夫妻双方都可能发展的情况下，做出"牺牲"的往往是女人，她们会因为家庭利益而放弃自己的事业。

可是，女人你有没有想过：依靠着男人生活，把一切希望寄托于一个男人身上，你就真的可以保障一生的幸福吗？未必。

靳羽西曾被《纽约时报》评为美国最受欢迎的50个"钻石女王老五"之一。

谈及女人的魅力，靳羽西有她自己的认识：健康和美丽不可或缺，但经济独立更重要。靳羽西说："我现在最大的自由是我可以从自己的口袋里掏钱买书，买我喜欢的衣服，这是女人最大的自由。现在许多年轻的女孩子需要什么东西的时候就对她的男朋友或爱人说我喜欢这个、我喜欢那个，她们不是自由的。"靳羽西坦言，她曾经嫁过一个富有的男人，但他没有给过自己一毛钱。

像靳羽西这样的女人，依靠自己辛勤地工作赚钱养活自己非常难得。这样的女人是充满魅力的，她在生活中有一份属于自己的事业，还有一份离开男人之后的生存能力，以及一份自己的原则和一颗善待自己的心。女人只有拥有自己独有的东西，才会更加美丽。她的故事也告诉天下所有的女人：做自己想做的事，坚持自己的原则，追求一个可以实现的理想；永远不要依赖别人，永远也不要放弃自己。就算上天赐予良机，那也需要你伸手去抓住，没有任何美好的东西是从天而降的。

进入围城后，千万不要抱着"他可以养我"之类的话，你可以依赖他，那也只是在累的时候让他抱抱你而已，休息好之后，还是要有独立行走的能力。要想独立，你就得为自己找份工作，虽然在这份工作中，也许你挣不了很多的钱，但是当你工作的时候，代表你不是苍老的，你还有年轻的斗志，还有对未来的渴望。也不用想买一件梦寐以求的化

闺中密语

虽说男人靠不住这话太过绝对，但是居安思危，有备无患，女人无论如何都要懂得爱惜自己，在经济上、精神上完全依附男人的做法万万不可取。女人只有好好工作，才能有保障的幸福。爱情需要物质基础作为支撑，用自己的薪水养活自己，一来可以减轻男人的负担，二来可以保障幸福，而且工作可以赋予女人魅力，这是一举多得的事情，女人何乐而不为呢？

妆品的时候还要不断地讨好男人,用自己赚的钱给自己买东西,花再多都用得理直气壮。

　　幸福不是别人能给你的,而是自己创造出来的。不要以为爱情和家庭就是生活的全部,放松一点,看看外面的阳光,享受一下属于自己的美丽人生吧!

4. 把握生命的主动权

人生就是一个丢丢捡捡的过程，我们面对很多的选择与放弃：到底是选择努力上进，还是该选择找一个好人就此嫁了；到底是选择坚持自己，还是按社会标准来安排自己的生活；到底是自己正确还是旁观者清。很多时候女人都是生活在左右为难和犹豫不决当中。

路，曲曲折折，百转千回。沿途是旖旎的风景还是困难险阻，总得走走才知道。别人只能帮你出谋划策，不能代替你去跋山涉水。所以，最后的选择还是得自己去做，因为这个选择最终付出的代价、埋单的人都只是你自己。如果经营人生就是经营一个企业，在女人命运的董事会上，你就是最大的股东。

所以，不管是已婚女人还是未婚女人，都应该知道自己要的是什么，然后做一个有主见的女人，把命运的钥匙牢牢地掌握在自己手中。只有这样，你的人生才能得到想要收获的东西，人生才更幸福或者更能活出自我。

> **女人宣言**
>
> 你若想过最正确的人生，就不要让别人成为你的导航。那样只会把人生的主动权交给别人，而让自己成为放飞的风筝，想自由，却始终有一个牵制自己的线在别人手中。

莎莎长相乖巧，性格柔和，她的脸上总洋溢着灿烂的笑容，感染着身边的每一个人。在大家的眼中，她是一个十足的乖乖女，可是，她在父母眼中并不是一个听话的乖乖女。事情是这样的。

在考大学报志愿的时候，父母希望她能选择医生、老师或类似的专业。可是，莎莎却报了爸妈一直反对的旅游专业。这对于父母来说简直是不能接受的事实。

爸爸说："你现在还小，不能自作主张地决定自己的人生道路。你为什么就不能听家长的话呢？我们是不会害你的。你现在选了这个专业，将来肯定会后悔的。为什么就不能安安稳稳地过一生呢？"

莎莎说："我知道你们是为我好，可是你们所说的并不是我想要的人生：这是我自己的选择，即使未来道路坎坷我也无怨无悔。"

妈妈："你知道你选的专业意味着什么吗？意味着将来的工作会很辛苦，说不定每天都过着漂泊的生活。为什么有好好的生活不过，非要自讨苦吃呢？你真是太幼稚了。"

莎莎说："你们说的我都知道，但是我会义无反顾地追求自己想要的人生的。"

就这样，莎莎还是选择了旅游专业。大家都没有想到这个娇小的小女生会毅然决然地坚持自己的决定。

到了毕业的时候，莎莎也开始面临找工作的问题。可是旅游行业的工作虽然很好找，门槛也比较低，但是竞争比较大，而且不像以前那样好做，辛苦不说，还要忍受顾客的刁难，并且像她的父母当初说的那样，她需要经常漂泊在外。渐渐地，莎莎的很多同学都转行做其他的了，因为大家都不想在这个行业挤破头了。

同学劝莎莎："你都工作这么久了，还没有单独出团的机会，整天到处奔波，钱却让别人挣了。要不你来我们公司吧，这里待遇还不错，工作环境也好。"

面对同学的好意,莎莎依然拒绝了。对于莎莎来说,虽然现状不尽如人意,但是相比于同学们的浮躁,她更多的是淡定。她非常清楚自己想要的生活,没有什么比走遍大江南北,领略异国风光对自己更有吸引力了。

半年之后,莎莎终于在旅行社崭露头角,她终于取得了上司的信任,获得了出团的机会。尽管工作环境并不安逸,常年在外奔波,有时候还会面临危险,但是莎莎却乐在其中。她的这份喜悦别人是无法体会的。

看到她如此执着,工作得也异常开心,最开始还颇有微词的父母也只能由她去了。

能为自己做主的女孩是勇敢的,因为她要面对他人的不同意见,她要承受独自探路的风险,她要承受因为自己的执着而可能出现的种种后果。莎莎无疑是一个有主见的女孩,自己去选择要走的路。不管这条路上等待她的是什么,她都甘愿承受。所以莎莎也得到了那些随波逐流的人无法得到的收获。

敢于自己做主的女人并不是任性和倔强,而是明白什么是适合自己的,什么对自己是最重要的,什么是自己喜欢的。她们因为了解自己而抛却人云亦云的随波逐流,她们因为相信自己而坚持做自己。敢于做自己主的女人在做选择的时候也已经做好了承担所有后果的准备。不管好的坏的,都是自己的选择,不用抱怨谁,也不用谁负责。自己就是自己的主人,活出自己想要的人生,不管这一路是布满荆棘还是开满鲜花。

有主见的女人不仅自己会保持一颗淡定平和的心,还会赢得他人的信赖。没有人会喜欢一个没有主见的人。因为没有主见的女人总是患得患失,总是诚惶诚恐,在犹豫不决中忘了去感受生活的美好。

最后，我想说的是，不管是工作还是感情，女人都不能把希望寄托给别人，最美好的希望还要自己亲手去栽培。若实现了便皆大欢喜，即使不能实现也问心无愧，因为靠自己去争取的心态早已让女人拥有了一颗淡定的心。这颗心能安然承受命运赏赐的惊喜，也能接受付出之后没有完美结局的缺憾。

不要把前程和希望寄托在别人身上，不要让命运掌握在别人手中，命运的转轮始终都在转动，幸福就在作出勇敢选择的那一刻。每个内心强大的女人都应该给自己一个这样的承诺：我要主宰自己的生活，我要让自己的人生升值，我要让自己的生活越来越幸福，我不需要任何人的承诺。

5．别把嫁给有钱人当梦想

每个女人都想拥有一个大衣橱，这样就可以在每一天都有漂亮的衣服穿，就可以在每一种场合都有合适的衣服穿，不用再担心"明天穿什么"这个问题，也不用再担心"这件衣服今年还是不是流行"这个问题。

每个女人也都想拥有高档的化妆品，这样就可以每天化精致的妆容，这样就可以遮掩渐渐老去的容颜，不用再担心"黄脸婆"找上你，不用担心脸上留下历经沧桑的痕迹，让每天的你出去时都是最得体的。

每个女人都希望住豪宅，乘豪车。每天在巨大的按摩浴缸里泡个牛奶浴，然后在松软的大床上舒服地睡上一觉，第二天在宽敞明亮的卧室中醒来。然后有车接送，不用去挤地铁，坐公交。

在这样的期待中，有的女人希望通过自己的奋斗来实现，而有的女人会将希望寄托在别人的身上，这个时候，婚姻则成为了她们最好的退路。

找个有钱人嫁了吧！这样多好，省去了奋斗的过程，有捷径为什么不

> **女人宣言**
> 你的人生是你自己的，你要用自己的行动来实现属于自己的价值。即使对方再有钱，那也是别人的努力得来的，与你何干？拥有一份自己挚爱的工作，保持一种精神寄托才是最恒久的幸福。

走呢?"干得好不如嫁得好"这句话不知道误导了多少女子。如果女人只是为了过上奢华的生活而选择了某一位终身伴侣,那女人就失去了太多的东西:失去了自己的真感情,失去了自己的美好青春,失去了感受生活的真滋味。这样的女人最终也会迷失自己。

丁丁是我的一个远房表妹,模样身材都很出众。在大学的时候,丁丁谈了人生中的第一次恋爱。上学的日子是单纯的,丁丁和自己的男朋友感情也非常好,那时的她过着简单且快乐的生活。

毕业之后,丁丁开始接触社会。她发现大学真是一座象牙塔。在那里,她什么都可以不用想,只用把书读好就可以了。而现在,丁丁开始奔波着找工作,每天挤公交也成了必备课。此时的丁丁体会到了生活的艰辛,这样的日子让她看不到未来。

丁丁的男朋友家庭条件一般,现在也像丁丁一样一切从头开始,从最底层做起。当丁丁看着自己同事的男朋友开着车接同事的时候,心中并不是那么平静。

身边也会出现这样的声音:"丁丁,你真的是个傻姑娘。爱情能当饭吃吗?女人的青春就那几年,何不趁年纪正好的时候为自己打算打算,依你的条件,完全可以找一个更好的。找一个有钱的人没有什么不好?非要守着那个穷小子过"

面对生活的压力,丁丁不是没有动摇过,可是她不想放弃几年的感情。况且,自己的男朋友除了经济条件不好之外,其他各方面都堪称优秀,对自己也好得无可挑剔,她知道除了男友以后不可能再有这样呵护自己的人了。

最近,丁丁接待过的一位客户总是打电话给她,并不停地送给丁丁各种名贵的礼品。客户的用意非常明确。这段时间,丁丁的心里前所未有地挣扎着。

此时，旁边又出现了这样的声音："生活就是现实，没有经济基础还怎么生活？爱情也要面对现实的考验。"

丁丁还是没有经受住金钱的诱惑。终于，她和男朋友分手了。以后，丁丁每天下班也会坐上高级轿车离开，也会出入各种豪华的餐厅用餐。丁丁接触到了以前从未接触的生活。

丁丁在想，也许自己可以嫁给这个有钱人，这样就可以成为大家眼中的富太太，每天过着这样的生活，不用再挤公交，不用再讨价还价，不用再羡慕别人身上的名牌衣服。

丁丁一直做着美梦，可是好景并不长。很快，丁丁只得到了一笔分手费，那人扬长而去。丁丁终于明白，自己为了一时的虚荣心而毁了一段真挚的感情。

丁丁因为受不了辛苦的工作和生活而放弃了奋斗，也想走一条生活的捷径，结果空留她后悔的心。有很多女人就像丁丁一样，当陷入茫然的荒漠中时，总希望别人来带领自己走出去，希望别人能让自己住上洋房，开上小车，过上舒服自在的日子。

其实，如果女人只是因为对方有钱而嫁给他，双方从一开始就是不平等的。不平等的婚姻还谈什么真正的幸福？即使对方有很多的缺点，你也只能忍受。如果你是因为爱而嫁给对方，他也只是恰好比较有钱而已，这当然是很值得祝福的事情。但是，女人从一开始不要奢望嫁给有钱人。

一个真正强大的女人不会奢望嫁给有钱人，不会把嫁给有钱人当作自己人生的终极梦想。她们选择爱人的标准不以钱为定向，而是用自己的真心去选择一个自己要爱的人。她们不会羡慕别人奢华的生活，她们明白那是别人的生活，自己也有自己的幸福。为什么要浪费自己的时间去羡慕别人而贬低自己呢？她们有足够的信心来过好自己的生活。内心强大的女人相信通过自己的能力可以实现自己想要的。她们对自己有足够的自信，所以不用奢华的生活来满足自己的虚荣心。

婚姻并不是一个永久的保险单。

女人，与其怀着嫁给有钱人的梦想，不如通过行动靠自身的努力使自己成为一个有钱人，这样所得的钱才是真正属于自己的，这样才是给予生活最强大的保障。真正的幸福是要靠自己创造的。只有自己有了能力，才能创造出属于自己的幸福，也才能把握住这种幸福。

闺中密语

如果选择的标准只是对方的经济条件，也许会在选择中错失了真爱，在选择中老去了容颜。所以女人你想要得到什么，想要实现什么，就靠自己去实现。为了虚无缥缈的虚荣心，就以自己的感情为代价，这样的付出与奢华的物质生活相比，代价实在是太大了。

6．时刻准备，抓住成功的契机

巴斯德曾说过："机会只偏爱那些有准备的头脑的人。"这句话告诉我们：一个人的素质往往决定了一个人能否把握住机会。那些有"准备的人"往往更能得到机会的眷顾。

所谓的"准备"主要有两方面的内容：一是知识的积累。没有广博而精深的知识做基础，要发现和捕捉机会是不可能的。二是思维方法的准备。拥有单一思维方式的人注定也是看不到机会的。鲁班被茅草划破手指，从中得到启示，发明了锯；牛顿见苹果落地，触发了灵感，发现了万有引力。这些实物和理论的出现并不是他们凭空想象出来的。既是源于他们平时的理论积累，也是得益于他们"举一反三"的思维方式。

从古到今，在无数成功者的历程中，我们都可以看到：他们的成功从来不是因为他们先天所具有的条件，而是根据需要让自己具备哪些条件。通常他们都有一种把"缺陷"变成"优点"的能力。为了与成功更加接近，他们总是在努力地提高自己各方面的素质。

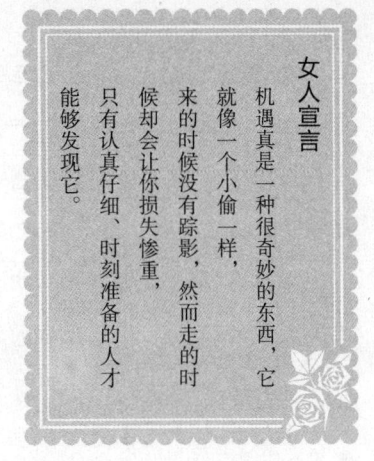

女人宣言

机遇真是一种很奇妙的东西，它就像一个小偷一样，来的时候没有踪影，然而走的时候却会让你损失惨重，只有认真仔细、时刻准备的人才能够发现它。

所以，作为一个渴望成功的女人，你不能白白地等待机遇的到来，在机遇到来之前，做好充分的准备工作，做好功课。在机遇来临时才不至于手忙脚乱，从而错失良机。

殷红和梁冰是很好的姐妹，她们的梦想都是当一名优秀的教师，这个梦想已经伴随她们多年。经过自己的努力，两个女孩都考上了本地一所师范类院校，从高中升入大学，女孩们一下子感觉天是那么地蓝，太阳是那么地火红。就在她们走进象牙塔的那一天，殷红和梁冰两个人的心态都在静悄悄地发生改变。

跨进师范院校，等于自己当老师的梦想已经实现了一大半，剩余的只需要按部就班地前行即可。一直努力的殷红认为自己终于可以松懈下来，多年来为了实现当老师的梦想她已经觉得自己很累了，考上了心仪的学校就等于成功了一半，殷红决定在人生的"半山腰"上好好地休息一下。

梁冰却不这么想，她心中清晰地明白，虽然走过千军万马的独木桥迈进了大学的门槛，可是今后的道路还很长很长，必须调整自己的心态继续前行，不能放松。

在殷红尽情地享受大学生活的时候，梁冰依然在向心中为自己设立的目标前行、靠近；当殷红在周末逛街购物的时候，梁冰一头埋进图书馆仔细地查阅各种资料；殷红在逃课偷偷约会的时候，梁冰坐在课堂中认真地记录着老师说的每一句话。

心态的改变让两个有梦想的女孩"分道扬镳"，殷红的学习一落千丈，竟然很多功课都亮起了"红灯"，这个时候她慌了，在现实面前她已经开始认识到梦想已经离自己越来越远，这一切皆因为自己心灵的懈怠。

而手捧各种荣誉证书和奖状的梁冰却在大学期间坚实地奠定了梦想的基础，让所掌握的知识和素养成为攀爬未来的阶梯，还没有毕业的她就被一所学校提前签约，用这所学校校长的话说："心中有梦想的人是可贵的，可是能够在追逐梦想的道路上不停止脚步，随时调整正确心态前行的人更是难能可贵的。在梁冰的身上，我们发现了这种难能可贵的精神，我们有理由相信，在今后生活和工作的道路上，她依然能够奋力前行，时刻准备着，拥抱属于她的梦想和幸福。"

在看到别人成功时，我们通常会说是因为运气，可是我们只看到了别人成功的光环，却没有看到人家在背后所付出的努力。与其奢求那样的好运气也会落到自己的头上，还不如脚踏实地地从小事做起。

或许在过去的那些时光里，我们一直在等待成功的机会，耗费了大量的时间，最后却是失望而归。那么从今天起，在等候的同时，让我们做好充足的准备，让自己保持在最佳状态，这样在机会出现时，我们就可以紧紧地抓住它。

天上不会掉馅饼，机会也不会白白出现在我们面前。有的人总是在想着如何"碰"机会，如何"等"机会，如何"混"机会。对于这样的人，机遇永远不会光顾他们。就像哈佛校训所说的那样："时刻准备着，当机会来临时你就成功了！"

闺中密语

世间许多平凡之辈，都有一些小优点，但由于自卑常被忽略了。其实，每个平淡的生命中，都蕴含着一座丰富金矿，只要肯挖掘，就会挖出令自己都惊讶不已的宝藏。所以，女人努力吧，做足功课把自己的优点放大，该出手时就出手，为自己创造一个幸福的未来吧！

7. 全力以赴，享受奋斗的过程

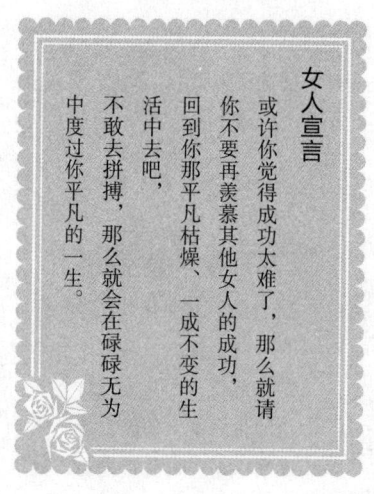

女人宣言

或许你觉得成功太难了，那么就请你不要再羡慕其他女人的成功，回到你那平凡枯燥、一成不变的生活中去吧，不敢去拼搏，那么就会在碌碌无为中度过你平凡的一生。

自古以来，有关奋斗的故事一直是女人们津津乐道的话题，奋斗好像有一种神奇的魔力，它似指明灯一般指引女人不断追寻成功；它如桥梁，女人总是能够通过它来达到自己的目标。有志向的仁人志士无一不是通过不懈奋斗来到达成功的巅峰，尽管有时会遇到一些客观因素让女人与成功失之交臂，但是不要忘记，就在你全力以赴拼搏的时候已经享受了奋斗的过程。

也许有的女人会抱怨上天的不公，为什么我奋斗了、拼搏了，人生却还是暗无天日找寻不到幸福的阳光？面对这种境况，女人应该告诉自己，虽然幸福来源于努力奋斗，但是，由于客观因素的影响没有达到梦想的天堂。不管怎样，全力以赴打拼的过程是美好的，女人积极向上的精神就已经告诉自己，你是最优秀的。

冰心在《繁星》中曾说过："成功的花，人们只惊羡她的明艳，然而当初她的芽儿却浸透了奋斗的汗水。"

女人在生活中，许多时候态度决定成败，并非能力，而是心态决定了成就的大小。全心全意、全力以赴，潜能才可尽显，幸福才可能得到。

我曾在一份旧报纸上看过这样一个故事，这也算是一个女孩的小奋斗。

有个女孩很少锻炼身体，所以剧烈运动后的她都会气喘吁吁、胸口发闷，浑身不舒服。当朋友告诉她学校订了个新制度，要求全体师生进行每天800米的跑操后，她便多了分忧虑与不安，她害怕自己会半途倒下，害怕坚持不了800米的长跑。然而，她并不想放弃，不服输的个性让她决定接受这个挑战。

第一天女孩坚持将800米跑完，尽管这对她来说并不容易。在途中，女孩只知道使劲儿向前跑着，她很努力地跑着，但速度却很慢，与前面的同学总有着一步之遥。那时她的腿脚已不听她的指挥了，她越是使劲儿风就越将她往后推。她无助、痛苦，但是她是不会服输的，即使为了那个小小的信念，她也会努力、坚持着。然而，长跑后的她如生了一场大病似的。脸色苍白如纸，腿也软，眼也花，脚也不听使唤了。但是女孩还是欣慰地笑了，因为她胜利了。全力以赴后，不一定会到达成功的彼岸，但是尽力了、努力了，就是一位胜利者了。

第二天，女孩少了以往的忧虑与不安，她从容地来到这个属于自己的"战场"，满怀欣喜地跑着。虽然肌肉有点儿疼痛，脚仍有些不听使唤，头还是有点儿晕，但她仍快乐地跑着。好朋友们关心地问着女孩的身体状况，她微笑着说："我没事，我很好。"

从此，她不会再将运动当成痛苦的事，而会乐在其中地做一名运动者。长跑考试的日子临近，女孩期待着这天的到来，因为这次她决定挑战自己。第一圈，女孩很轻松地跑完了，此时她是第二名。第二圈，肌肉开始剧烈地疼痛，头晕眼花，但她还是不言弃，与风作着斗争。眼看后面的人一个个都快追上她，她开始担心了，于是，加快自己的脚步，但是，越加速就越疼得厉害，最终成为第三名。尽管如此，女孩还是很开心。从害怕长跑到乐意长跑，从可能是倒数第一到正数第三名，女孩已经很欣慰、很开心了。她真的已经尽力，已经成功了。

有人问道："你跑步有什么秘诀呢？怎么跑进前三名的呢？教教我啊！"女孩说："心中的信念支持我前进啊！成功与否我真的不在乎。记得，凡事都要全力以赴。那时的你会很快乐的。"

女孩的奋斗故事虽然简单，但是蕴含着深刻的人生哲理：想要成功，想要幸福，就要全力以赴地去做一件事情。

不可否认，女人的奋斗之路一定会充满艰难险阻、尔虞我诈，一不小心就会摔得头破血流。但是，这条路越难走，也就意味着成功之后给你带来的回报更丰厚，带来的成就感更能令你满足。轻易放弃，前面的努力就会白费；轻易放弃，就给了对手更多的机会。

人生难得，任何女人的一生都不可能是锦绣鲜花、一帆风顺，更多的时候是在曲折、坎坷或充满变数的道路上前行。是什么能够像旗帜、罗盘和精神支柱，在女人遭遇坎坷、穿过泥泞的时候给我们前行的力量？答案只有一个，那就是全力以赴去追求自己的梦想。

女人，一个内心强大的女人，走在通往梦想的路上，你要咬紧牙关，朝着目标坚定地走下去。即使跌倒，即使身陷逆境，你也应该坚定信念。跌得越惨，信心越足，全力以赴地去奋斗、去享受奋斗的过程，因为这一切挫折最终都将转化为你人生中的"经验值"，助你登上成功的顶点！

奋斗是女人身处逆境、面临考验时的一种拼搏精神；奋斗是激励女人不断前行的一种宝贵品质；奋斗是检验女人坚强性格的珍贵财富。通往幸福的路并不平坦，而女人必须要掌握好奋斗才能有机会摘取幸福奇葩，品尝快乐滋味，所以女人要全身心投入，不管成功与否你都收获了享受的过程。

第五章 修炼财商,经济独立才能精神独立

女人,只有财务独立才能获得真正的独立。有强大的财力,才能活出属于自己的美丽。有足够的经济实力,生命也才会有活力。

1．谁能给你安全感？经济独立

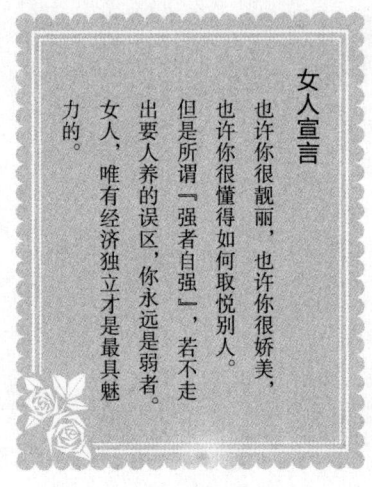

女人宣言

也许你很靓丽，也许你很娇美，也许你很懂得如何取悦别人。但是所谓「强者自强」，若不走出要人养的误区，你永远是弱者。女人，唯有经济独立才是最具魅力的。

有很多女性将婚姻当成自己的依靠，但是她们忽略了一点：经济不独立的女性，就算自己的家人或另一半再怎么有钱，心里也会隐隐地有种不安全感，毕竟伸手向别人要钱的滋味是不好受的。只有经济独立的女人才能获得最大的安全筹码，才能够拥有真正独立的人格。

有些女人会说，我们生活在男权社会中，自己再有才，去努力、去争取获得了成功，别人也会认为那只不过是男人看面子对我们稍微做出的让步而已。绝大多数情况下，还是要栖息在男人的羽翼下，那里才是最安全的。

如果你也这样说，那你就不得不为自己以后的安全考虑一下了。男人的羽翼固然能够为你遮风避雨，但是，我们且不说那张羽翼是否会发生一些不可抗拒的意外，如果他们的羽翼张开后，下面多了一个被保护者，或者干脆换一个需要被呵护的，你该怎么办？难道你就甘愿蹲在旁边，祈求他能够将多余的一点羽翼施舍给你？

生活是无常的，生命中的意外随时都有可能会发生。因此，那些依赖成性的女人们，是否也应该思考一下，如果有一天你的生命发生意外状况，自己是否有自给自足的能力？如果有一天你爱的人失去了保护你的能力，你是否能够从这种不幸的遭遇中勇敢站起来，并且给予他生活的力量？

Lisa是一名美丽的时装模特，凭借出众的相貌，她在大学毕业不久之后，便结识了一家大型企业的总裁公子为男友。但是，尽管男友家财万贯，Lisa还是坚持要做自己的事业，并且在男友的帮助下，成立了自己的服装设计公司。

由于Lisa本身能力不俗，再加上男友的背景支持，她的服装设计公司业绩蒸蒸日上，短短一年时间，俨然已经有跻身国际一流服装设计公司的趋势。当然，Lisa也因此保证了自己的经济独立，又因为保证了自己的经济独立，她在男友面前也得以一直坚守自己的原则，这也让花心的男友最终下定决心娶她为妻。

本来，二人的婚后生活应该十分幸福美满，但是天有不测风云。就在他们婚后不久，总裁先生因病去世。由于事发突然，Lisa的老公随即与其兄弟姐妹陷入利益纷争。最终，老公虽然成功继任公司总裁，但是经过众兄弟姐妹的折台，公司已经是一片风雨飘摇，随时都有覆灭的可能，几家合作公司也因为这种状况而突然撤资，眼见公司就要破产。

关键时刻，Lisa果断出手，她将自己的服装设计公司变卖，然后将所得钱款打入老公的公司账户。钱虽然不多，但是对于老公的公司运作，无异于一剂强心针，在老公的努力下，公司最终得以起死回生。而Lisa在整个事件中的表现，不禁让老公再一次对她刮目相看，并且从此更加对她死心塌地。

如今，Lisa不仅早已赎回了自己的服装设计公司，而且事业更是做得一天比一天大，几乎已经和老公的公司有并驾齐驱之势。当然，Lisa和老公的家庭生活，一直以来也始终被幸福美满所包围。

我们不能否认，并不是每个女人都希望自己变成女强人，也并不是每个女人都有能力、有机会成为女强人。但是，经济独立还是应该成为每个女人的追求，就像Lisa那样，她爱自己的老公，同样也爱自己的家。然而她更加知道该怎样去爱以及怎样被爱，如此，她得到的幸福也是很多女人得不到的。

具有一定社会阅历的女人通常会有这样的感悟，即对于大多数人来说，重要的不是对与错，而是话语权。如果你没有话语权，那么即使你想要帮助别人，或者想要表达自己的感情，也是有心无力的，这不仅决定你是否有能力付出，同时也将决定你的社会和家庭地位。比如你在社会上具有一定的话语权，那么说明你是一个社会成功人士；如果你在家庭中具有足够的话语权，那么你就可以充分参与家庭事务，甚至成为家庭的领导者。作为女人，虽然不必成为家庭的领导者，但是也一定要为自己争取足够的话语权，而获得话语权的关键，当然就是要完成经济上的独立甚至强大。

此外，女性在婚姻中所承担的生存风险不仅仅是婚姻破裂后的生活问题，还有更为严重的住房、医疗、养老问题。可以试想一下，连温饱生计都成问题，如何去顾及其他一系列的生存隐患问题？

在现代社会中，婚姻充满了许多变数，不管你是多么有魅力的女人，其中的一些"内乱"与纷争，难免也会让你觉得泄气与心寒。你对婚姻寄予的期望越高，所遭受的伤害也会越深重。所以，作为一个女人，你也应该清醒地意识到，依靠婚姻已经是现代社会最不安全的生存方式了。

所以，现代女性应该要变得理性起来，特别是那些有赚钱能力的才女们，不要只凭自己一时的懒惰与矫情就随便将自己的全部托付给男人或婚姻，而是应该勇敢地从处处受限的温室中站出来，将自己托付给更为实际的金钱，唯有经济方面的独立才能让你获得切实的安全感。

2．女人一定要学会经营自己

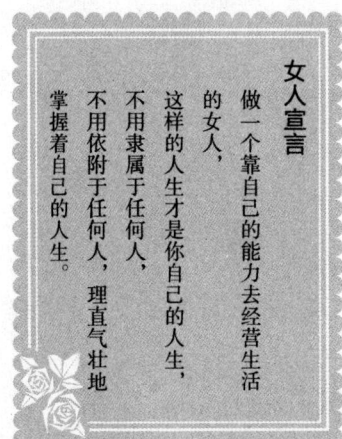

女人宣言
做一个靠自己的能力去经营生活的女人，这样的人生才是你自己的人生，不用隶属于任何人，不用依附于任何人，理直气壮地掌握着自己的人生。

在离婚率逐渐趋高的现代社会，女人拥有一个幸福美满的婚姻的概率越来越低。当婚姻破碎了，金钱纠纷很容易导致男女双方恶言相向，受害的往往是女人。即使婚姻幸福的女人，也有机会单独面对现实人生，因为女性普遍比男性长寿8到10岁。

在职场上，女性普遍比男性处于劣势，女性收入普遍比男性低，即使同工也不同酬，女性换工作的频率也比男性高，公司裁员多半先裁女性员工。显然，女性比较不容易领到退休金，就算领到退休金，也少得可怜，因为，男性总是将低微的工作分配给女人做。

年轻的时候，女人觉得这一天永远不会来临，总是很乐观地认为"船到桥头自然直"，女人总是逃避现实，缺乏居安思危的观念，不愿意去想倒霉的事，等到问题发生了才烧香拜佛，祈求上苍眷顾降福改运。其实，女人如果尽早学会理财，为没有依赖的日子作好准备，命运可以掌握在自己手中。

何丽玲是台湾有名的女人，曾经在一次访谈中说："我很小就明白，美丽和智慧是女人一生最重要的事。"她在8岁时，祖母就开始训练她理财观，给了她一本账簿，教她如何记账，账本里有两百多个互助会名单。这个国小二年级的小女生，开始跨出理财的第一步。

何丽玲也说过一句发人深省的话："女人能年轻多久？可以无忧无虑多久？"依赖成习的女性，有时候该思考，如果有一天发生意外状况，我有没有能力自给自足？总有一天我们必须靠自己想办法过日子，只有自己才能保障自己的未来。"因此，女人要有钱，并不是要追求享乐，而是生命的尊严。

她说："如果女人懂得理财、懂得独立，人生就是精彩的，女人无法在厨房中要求独立，学会理财才是追求独立自主的基础。"

我最喜欢的一句话是："女人要有钱，并不是追求享乐，而是生命的尊严。"经营自己，有以下几层含义：

第一，要善待自己。有一种女人，也许她是独立的，她把所有的精力都用在了事业上。还有一种女人，也许她是依赖的，她把所有的心血都用在了家庭上，但就是不注意把时间、钱或者注意力用一些在自己身上，或者用在让周围的人更懂得爱护你、更尊重你的活动中来。

第二，要投资自己。青春和智慧都是需要投资的，由于青春是短暂的，而持久的依赖关系是脆弱不可靠的，所以，女人最重要的是需要投资自己的智慧。女人的智慧，一方面表现为见识，一方面表现为知识。见识是指能够观察、审时度势，平衡心态，把握机会，能进能退；而知识则是见识的基础，是学习的积累，是一些管理的基本功。

做一个善于管理财富的人，要从今天开始。无论你是独立的还是依赖的，其实你都是自己的主人，就像每天出门前照镜子一样，每天想想我为提高自己财富管理的能力做了什么了吗？日复一日、年复一年，你的聪明就会成为你的财富、你孩子的财富、你老公和家庭的财富。

事实上，我们对于投资理财的规划，同时也是对自己整个人生的规划，越早开始当然也就越有利。所谓"人无远虑，必有近忧"。如果我们想要拥有一个幸福美满的人生，决不能仅仅依靠一个向往幸福的美梦，而是要制订出一个科学合理的理财规划，然后认真努力地付诸实际行动。如此一来，我们就可以在不同的人生阶段知道自己该做什么以及不该做什么。尤其是对于我们女人来说，甚至有必要按照不同的年龄段为自己制订相关理财计划。通常来讲，我们可以把自己的整个人生分为6个阶段，具体内容可以参考以下几点建议。

（1）求学阶段

指我们从出生到大学毕业这一阶段。很多理财专家都曾经说过，最早的理财应该从孩子的存钱罐开始，从一些微不足道的零钱开始。对此，我们不仅要尽量要求自己这样做，同时还要尽可能地要求自己的孩子这样做，借以从小培养他们的理财观念。

在这段时间，我们的财务问题基本都由父母完成，我们即使想要理财，可供使用的材料（钱）也比较有限。但是所谓"习惯成自然"，如果我们想要培养自己成熟的理财观念，当然是越早越好。在求学阶段，虽然我们没有多少财可以理，但是，如果我们能够充分了解并发挥理财技能，同样可以有效提高自己的生活质量。

（2）单身阶段

指从参加工作到成家这一阶段。这个阶段的女性在经济方面比较自由和充裕，通常越是能赚钱就越是能花钱，基本上不会有理财投资计划。

专家提示：理财投资越早越好，这个阶段的女性可以将个人收入的60%用于风险投资和长期投资，其余30%用于储蓄等低风险投资，剩余

10%用于流动性资金随时取用。此外,在这一阶段女性所需要考虑的事情还有保险,尤其是养老保险,这一理财产品虽然缴纳时间会比较长,但同时也具有投入少和收益高的优势。

(3)成家阶段

指完婚到生子这一阶段。这一阶段的女性虽然随着家庭的组合扩大了经济来源,但是新的家庭支出也不容小觑,尤其是对于那些需要贷款购车买房的女人,基本上就是在给银行"打工"。为此,这一阶段的女人大概会生出理财投资的想法,但同时由于家庭负担加重的原因,投资理财也需要变得更加谨慎小心。

专家提示:处于这一阶段的女性,可以将可支配收入的50%用于基金等风险和收益适中的投资,其余35%用于债券投资,剩余15%用于流动资金活用。此外,由于女性的特殊生理结构,除了家庭的养老险和意外险之后,还可以考虑加一些专门针对女性的保险投资,如生育保险。

(4)养育子女阶段

指孩子出生到大学毕业参加工作这一阶段。我们在这一阶段的工作或事业基本已经进入稳定期,并且收入也会比较高,但是由于处在上有老、下有小的高支出阶段,家庭经济的稳定更加需要理财经营。从传统的中国家庭观念来讲,这一阶段我们应该以孩子的教育支出为理财核心,确保子女能够受到良好教育,从而为其整个人生打好基础,同时也是为了我们的晚年生活能够多个依靠。

专家提示:女性在这一阶段可以将可支配收入的40%用于风险投资,其余20%用于储蓄和债券等低风险理财投资,剩下的10%留作家庭活用。

(5)家庭黄金期

指孩子大学毕业参加工作到我们退休以前这一阶段。由于这段时间用于孩子的支出可以告一段落,甚至孩子的收入暂时还能够补贴家用,我们的经济状况也进入了一个相对比较轻松的阶段。趁着这段黄金时期，我们的理财计划也要加快、加紧，为安享晚年做最后的理财冲刺。

专家提示：处于这一阶段的女性，可以将可支配收入的50%用于熟悉领域的风险投资，其余40%用于储蓄等低风险投资，剩下的10%留作家庭活用。与此同时，由于老年生活的迫近，我们也应该适时做一些养老计划。

（6）老年阶段

虽然不愿提及，但我们终归还是要步入老年时期，因此我们也必须正视问题，提早制订科学合理的老年理财计划。通常来讲，老年理财应该以稳妥为主，辛苦劳碌了一辈子，没必要再为钱财"提心吊胆"，更不能因为理财而影响自己的心理情绪。毕竟，对于老年人来讲，没有什么比健康更重要。因此，我们应该适当减少理财投资计划，然后把节省下来的精力用于自身的健康关注和生活享受。

专家提示：处于这一阶段的女性，非但不宜开拓全新领域的风险投资，而且应该大幅减少熟悉领域的风险投资，比例最好可以降到可支配财产的10%以下，其余80%用于储蓄投资，剩下的10%留作家庭活用。

看完了女性投资的6个阶段，我们从专家提示的内容也可以看出，女性理财投资的最佳时期还是越早越好。一旦过了少女时期，不仅我们的精力和收入支出会相对增加，而且由于时间的作用，我们的理财收益也会相对减少。所以，为了能够拥有一个幸福美满的人生，尤其是为了能够拥有一个安稳舒适的晚年生活，我们的理财计划必须尽早制订，并且尽早实施。

女人应该尽早开始投资和储蓄，起步越早成功的机会越大，越年轻开始充实这方面的常识越有利，在能力范围内牺牲物质享受，学习精打细算，为未来作准备，不要甘于贫穷，才能拥有真正的自由。当然，绝对不可为了金钱而不择手段。

3. 树立正确的金钱观

很多女人认为谈钱是一件比较庸俗的事情，哪怕内心当中无比向往钱财，嘴上却仍然"谈虎色变"，好像承认自己爱钱是一件非常丢脸的事。其实，钱作为一种交换媒介（货币），本身并不具有任何人格属性，其交换价值以外的所有意义，都是我们按照自身想法强行赋予它的。由此我们可以得出结论，女人爱钱是一件天经地义的事情，在金钱面前表现得很"清高"，看不起为钱拼命、满身沾满铜臭味

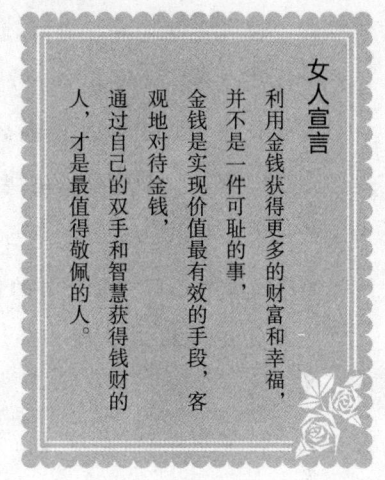

女人宣言

利用金钱获得更多的财富和幸福，并不是一件可耻的事，金钱是实现价值最有效的手段，客观地对待金钱，通过自己的双手和智慧获得钱财的人，才是最值得敬佩的人。

的人，认为他们不怎么高尚似的。可实际上，其实她们内心深处也十分渴望得到钱，这种表里不一的原因就是因为她们缺乏驾驭钱财的能力，对自己信心不足。

既然金钱本身并没有错，且能为我所用，为社会做出贡献，那么我们何不提升自己的理财能力呢？也许在投资理财之初，我们会受到别人的侧目，这些人或者认为我们太庸俗，或者认为我们异想天开，或者认为我们不务正业。但是，我们可以想象一下，如果有一天我们真的积累出巨额财

富,那么这些人的目光会发生什么样的变化?羡慕、佩服,或者惊讶,总之会让他们意识到自己当初的想法是错误的。

丹是我一个朋友的朋友,彼此不是很熟识,但也曾聊过几次天。在和丹聊天的过程中,我知道,曾经的丹也是一个理想主义者,她认为爱钱的女人就是世俗的,可是现实的生活打破了她的梦,她也终于认识到了钱的重要性。记得有一次丹在聊天中说了这样一番话:

毕业刚参加工作的时候,凭借爸爸的关系,我有一次到沿海外企工作的机会,待遇十分优厚。当时,我和我的男朋友正在热恋期,他在本市找了一份待遇并不算好的工作,为了他我也想在本地找一份工作。

我承认当时我是极其清高的,总认为将自己的未来与金钱牵连在一起,是低俗的。带着这样的思想,我最终还是没听家人的劝阻,选择了在本地的一家小银行上班。一年后,我和男友就结婚了,婚后我才知道当初清高的思想给自己带来了怎样的痛苦。

我和男朋友的工资都不高,婚后的生活却每时每刻地都要和钱打交道:每日柴米油盐、生活开销、给父母买礼物、朋友聚餐、看病住院、生育后代……每一样都离不开钱。拮据的生活让我感受不到丝毫的快乐与幸福。我懊悔当初大学时代的思想让自己几次失去了能够最大限度拥有金钱的机会。

是的,生活是离不开钱的,如果你连维持基本的生活都成问题,自己的价值又在哪里呢?丹的生活经历告诉我们,在金钱面前"摆清高"只会让你一次又一次地失去拥有金钱的机会,让自己的生活陷入极其窘迫的状态之中,最终换来无尽的懊悔与痛苦。

实际上,爱在金钱面前"装清高"的女人,她们并非真的很享受清贫而拮据的生活，也未必真的不渴望过上富足的日子，因为她们也知道没有了钱自己的生活就失去了保障，没有保障的生活也就没有了质量，没有了质量生活也就失去了其原本丰富多彩的意义。她们不知道，这样的做法十分缺乏理性，它除了自欺欺人之外，也很容易将人的思想带入误区之中。

如果一个人总在金钱面前"装清高"，久而久之，她就会真的误以为自己对钱产生了"抗体"与"免疫力"，认为真的可以清高到不食人间烟火了。然而，现实的生活迟早会让她体会到这种思想所带来的懊悔与痛苦。那些真正能够理直气壮地在钱面前"装清高"的人反而都是那些本身就不缺钱的人。因为不缺钱所以才不会为其所累，才不会被它牵着鼻子走，才有了更多自主选择的权利，才能够来去自如，才有了追求其他事物、实现更高理想的可能。足够的金钱可以让人完全没有后顾之忧，让人们有更多的精力与时间去最大限度地实现自我价值。

都市的才女们应当早点认清现实、面对现实，摆脱幼稚的想法，不要在金钱面前"装清高"。毕竟清高不等于尊严，一味地清高是换不来别人的尊重的。同时，对待钱也应该保持清醒的认识，钱只是人的一项重要的工具，要客观地认识它，努力去凭自己的智慧与双手最大限度地获取它，然后再正确地利用它，为自己获取更多的幸福与快乐！

喜欢在钱面前"装清高"的女人，不妨仔细地想想："钱"有什么错呢？它自身并不会做对不起你的事情。相反地，它还可以为你的衣食住行尽职尽责，为你的高品质生活保驾护航。可怕的并不是钱，而是你对钱存在错误的认识，会让你陷入各种生活困境。

4. 自我提升，高薪不是梦

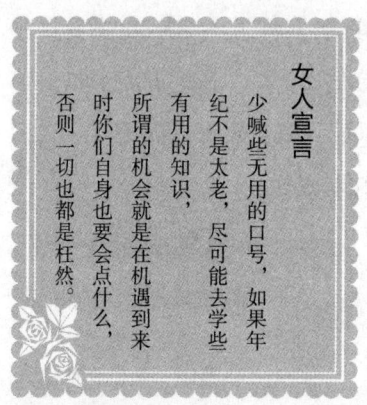

女人宣言

少喊些无用的口号，如果年纪不是太老，尽可能去学些有用的知识，所谓的机会就是在机遇到来时你们自身也要会点什么，否则一切也都是枉然。

职场之中，很多女人享受着让人羡慕的高薪，也有很多女人长期被低薪所困扰。而对于那些低薪女人来说，这种现象其实本没什么，因为那些高薪的女人也必定拿过低薪。但问题是，很多低薪女人对此并不能形成科学合理的认识，她们不是抱怨社会不公，就是抱怨老板不明，甚至怀疑那些高薪女使用了不当手段。如果我们能够仔细观察，就会发现那些高薪的女人从来不会如此，她们只会时刻找寻自己的不足，然后尽量去进行弥补，如此才得以享受高薪。因此，如果现在的你正在被低薪所困扰，那么请停止一切毫无意义的抱怨，转而努力提高对自己的认识，争取早一天步入高薪女人的行列。

造成低薪的原因有很多种，我们虽然不能一一了解，但主要可以从以下几点进行考量。

（1）对自身能力的不自信

其实，我们每个人心中都会有一份不自信，至少每个人都曾经在人生的某个阶段不自信过，问题的关键是我们如何去对待和处理这份不自信。很多女人会自然而然地选择逃避，好像自己的能力天生就应该平平无奇，一辈子也只能碌碌无为，只要能够得到一份安稳的工作就已经很好了。对于这样的女人来说，她们的一生都可能会活在不自信之中，并且是越来越不自信，即使别人对她们给予了积极的评价，也会完全消解在她们的谦卑之中。

不可否认，谦卑是一种可贵的品质，但这更多是对那些不懂谦卑的人所说，如果我们谦卑得过了头，就会成为一种不自信。而对于自信的培养，我们必须要记住两点，一种是积极做事，一种是努力学习。其中，积极做事是为了积累实践经验，努力学习则是为了加强理论指导，如此我们便能完成自身能力的成长，并且养成直面问题的好习惯。所谓"艺高人胆大，胆大艺更高"，当我们能够游刃有余地完成自己的工作，自信必定会随之而来。

（2）羞于主动争取

对于一些传统女性来说，一谈到钱的话题基本都会比较紧张，平时连向朋友借钱都不会，如果让她们去找老板要求加薪，恐怕是一件比登天还难的事情。对于这样的女性来说，她们多半会在内心当中有所企盼，认为只要再等一等，等到自己做得更好，等到老板"良心发现"，自己的薪资就能够有所提高了。结果一直等到"人比黄花瘦"，并且能力不如自己的同事都已经超过自己的薪资，才终于意识到天下的老板都是吝啬的"资本家"。

在此我们应该谨记，只要自己对老板表达出的加薪要求合情合理，得到积极回应是完全没有问题的。如果我们只是闷头工作，对于老板给定的工资不闻不问，老板反而可能会觉得我们对自己的能力不够自信，甚至认为我们工作态度不端正，以及工作不够努力等。如此一来，即使是公司例行性的增加薪酬，我们也会成为其中涨幅最小的。

(3) 安于现状

很多女人在一无所有的情况下，都能够做到敢抢敢拼，但是当她们拥有了一定的财富之后，反而会变得束手束脚，并且大多会希望自己能够维持目前状态。对于传统女性来说，尤其如此，当我们在一家公司中逐渐营造了自己习惯的环境，对于任何改变都会伴随着一丝天然的恐惧。

我们在此所说的习惯，当然不是指对工资数额的习惯，而是指对工资挑战的习惯，并且是选择回避的时候多。于是，当那些能够取得更高工资的挑战出现时，我们并不会去积极主动地争取，从而一而再、再而三地丢掉涨工资的大好机会。比如当一份更高收入的工作挑战出现时，我们感受到的并不是欣喜若狂，而是忧心忡忡。我们会想，如此高的工资，工作难度一定很高，工作压力也一定很大，我能够胜任吗？如果不能胜任，我还有退路吗？到时候会不会连现在的局面都会丢掉？可想而知，如果我们总是想着这些问题，那么自然无法成为一名领取高薪的女人。

(4) 工作没有重点

这里所说的没有工作重点，主要是指专业工作能力的缺失，比如我们在软件开发公司做一名程序员，结果软件开发能力平平，却对硬件维修技术非常在行。而如果把你放在专业的硬件维修行业，你的硬件维修技术同样平平无奇，也许还会因为软件开发能力的"突出"而再次沾沾自喜。俗话说："不怕千招会，就怕一招灵。"即使我们对每一项工作都能大体应付，也不如对某一项具体工作能够深入了解有价值。当然，我们不能否认，某一项具体工作的深入，需要进行多方面甚至是全方面地工作了解，但是我们也决不能为了多方面了解而丢掉自己的主业，而是必须努力把自己培养成一个"T"字形人才。

此外，没有工作重点的女人还容易做事"没常性"，就是做任何事都属于"三分钟热度"，干不了多久便不想再干了。对于这类女人来说，便非常容易陷入跳槽谜团，到头来难免一技无成。而且即便我们能够在同一家公司工作，如果没有选择某一固定工作内容，而是今天干这个，明天干那个。结果也难免会是什么都干过，什么都能干，却什么都干不了。

（5）把自己的希望寄托在别人身上

俗话说"求人不如求己"，何况是在当前这个"靠山山会倒，靠人人会跑"的年代。如果你只是单纯地把希望寄托在别人身上，包括你自己的父母、老公和子女在内，那么最终失败的那个女人也一定是你。对于这类女人来说，她们每天做得最多的事情就是幻想。小时候幻想自己的父母能够帮助自己解脱困境，长大后又会幻想自己能够遇到一位白马王子，即使等到老去仍然会把希望寄托在子女身上，从而一生都在天真和幻想中度过。

在此我们必须谨记，对于一个女人来说，最大的魅力和幸福就是自信，而自信必然源于自主。如果我们连自主生活和工作，甚至自主生存的能力都没有，那么必定很难得到幸福。当然，作为一名勇敢追求幸福的女人，我们也没有必要完全自主，但是你仍然要记住，如果自己想要获得幸福，则必须要具有一定的话语权，而我们想要拥有话语权，就决不能将希望寄托在别人身上。

此外，我们还需要计算一个效益问题，这同时也是很多女人会习惯性忽略的问题。即无论我们得到的是高薪还是低薪，只要是我们的工作步入正轨，实际上付出的时间和精力是大致相等的，甚至低薪者还需要付出更多。但是，无论从实际的工作收益来讲，还是从我们能够感受到

闺中密语

西方有一句谚语，叫作"财富永远留给那些有准备的人"。那么，身处现代职场中的女性，又该为自己的财富之梦去准备些什么呢？答案是更加努力地去学习和实践，从而更好地完成自己的本职工作，以便为自己的升职加薪铺平道路。

的轻松愉悦来讲，高薪女人和低薪女人恐怕都是天壤之别。因此，我们努力提高对自身的科学认识，并不是单纯地为了得到高薪，更重要的是为了自己能够得到幸福和快乐。

　　总之，你如果想拥有高薪，提高自己的生活品质。那么，从现在起，少喊些无用的口号，如果年纪不是太老，尽可能去学些有用的知识，不断自我提升，时刻准备着面对新的机遇和挑战，所谓机会是留给有准备的人，便是如此。

5．将修炼"财商"进行到底

"财商"顾名思义就是一个人在财富方面的智商，英文表达为Financial Quotient，简称FQ，它与智商IQ、情商EQ并驾齐驱，被称为现代社会三大能力不可或缺的素质。

FQ是一种理财的智慧，表现为一个人认识金钱和驾驭金钱的能力，这种能力又包括两个方面：一是正确认识金钱及其规律的能力；二是正确运用金钱及其规律的能力。

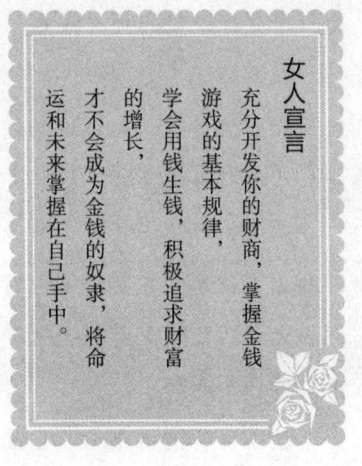

女人宣言

充分开发你的财商，掌握金钱游戏的基本规律，学会用钱生钱，积极追求财富的增长，才不会成为金钱的奴隶，将命运和未来掌握在自己手中。

它反映了人作为经济个体在经济社会中的生存能力，所以在人类生存和发展中是不可或缺的。

财商是一种强大的创富力量，它可以让你的财富从无到有，从小到大，从大到强，大部分富有的人都是财商高的人，即便他们的学历很低，出身贫寒。当然，仅仅依靠知识和观念还远远不够，我们还要勇于实践，从而积累起丰富的理财经验。在此基础上，只要我们心中紧绷着一根理财的神经，就可以在生活和工作中不断找到理财的门道，从而攫取出自己的财富。

潇潇是一家航空公司的空乘服务员，也就是我们常说的空姐。由于工作主要负责国际航线，潇潇经常要飞往世界各地，这也让她有机会到很多国家去观光和购物。

几年下来，尽管空姐的收入不菲，潇潇也一直在劝诫自己要节约支出，但是她基本上还是没有攒下什么钱。一个偶然的机会，潇潇在网上看到一本关于理财的书，忽然发现原来自己是因为没有建立正确的理财观念，才导致财富的付诸东流。

从那以后，潇潇便不怎么热衷于购物了，而是一门心思想要学会理财。最初的时候，她还以为理财会花费很多心思，但是有一天当他看到机场大厅的汇率大屏时，忽然觉得财富已经在向她招手。

原来，世界各国间的货币总是存在着不停的汇差波动，如果能够及时得到相关信息，投资外汇绝对是一门生财之道。而潇潇几乎每天都要经过机场大厅的汇率大屏，又常年在世界各地飞来飞去的她，总能掌握各国汇率的第一手资料。

就这样，随着第一桶金的到账，潇潇很快积少成多，不仅在外汇投资理财过程中得到了无尽乐趣，她的钱包自然也成为了姐妹中最"丰满"的一个。

潇潇能够发现生活中的赚钱机会，从而为自己赚得财富，说明她具有极高的财商，而她所获得的财富正是自身的财商所带来的。财商的创富力量是巨大的，所以，女人们要想创富，就要努力去开掘和提高自身的财商。有些女人可能会说：我没发现我有什么财商，我如何去挖掘或提升我的财商呢？好吧，如果你认为你的财商不够高，不妨从以下4个方面开始入手。

(1) 掌握财务知识

我们虽然对数字不陌生，然而可能会不太敏感，但是，你一定要让自己敏感起来，因为你的财富就是用一个一个的数字来计算的。尽管财务报表比言情小说和偶像剧枯燥得多，但是，如果你想让自己拥有更多的财富，这些知识你就必须掌握。

(2) 熟悉投资战略

"用钱生钱"说白了就是一种投资的科学战略，如何让自身少量的财产繁殖衍生出更多的财富，就需要依靠有效的投资来实现。而投资战略的部署直接关系到你投资的成败。所以对于投资的战略，你一定要熟知。

(3) 了解供求关系

这不仅仅是针对做生意而言，理财同样需要你用市场的眼光去审时度势。只有你足够了解市场的供求关系，才能让自己的投资方向更加明确，比如你的股票和基金应该投入哪个领域。

(4) 遵守法律法规

想让自己的理财计划在正常的范围内不会受到各种干扰和利益的侵害，就要了解理财的各项法律和规章制度。既能拿起法律的武器保障自己的权益，又可以在制度的保护下让自己的理财之路更加顺畅。尤其是"新手上路"，只有乖乖地遵守"交通规则"才能让前方的道路畅通无阻。

这4个方面是理财的一个必经过程，也是挖掘和提升你财商的一个重要步骤。只有你掌握了这些基础的知识，你才不会像一个无头苍蝇那样到处乱撞，才能让自己在财富的王国里面如鱼得水，更加有效地利用你的金钱，成为自身财富的主宰。

另外，提升自身的财商不仅要懂得这些财务知识，还要坚持去理财，只有持之以恒地投入到理财的实践中去，才能让财富的雪球越滚越大。因为财富就像流水，只有做到细水长流，才能达到滴水穿石的效果。心血来潮、一曝十寒的理财态度是万万要不得的，它不仅会使你刚刚聚敛起来的财富迅速消散，重复的次数多了还会打击你的理财积极性。长此以往，财富便只会在你身边打转绕弯，然后流进别人的口袋里。到时候你就只有束手无策、干跳脚的分了。

如果你已经将理财计划提上了自己的日程，并且是抱着积累财富的巨大决心，那么就不要三心二意。不要妄想自己能够一夜暴富而好高骛远，这只会让你对当下的财富积累速度异常失望，进而打消你理财的积极性，毁了你未来的财富。你要做的是每天不间断地投入，虽然开始的时候会有一些难度，而且增长得缓慢很有可能让你失去对它的兴趣和耐性，但是只要你肯坚持下来，将它作为自己日常生活的一部分，总有一天你能看到它带给你的巨大惊喜。

不要去艳羡那些拥有巨额财富的世界级富豪，他们当中大部分人其实和你一样都是从一点一滴开始积累的。不同的是他们成功了，而他们成功的最重要的原因，并不是他们具有更高的IQ，而是他们具有更高的FQ，并且将其发挥到了极致，这种发挥的过程就是"坚持"。如果我们能够做到和他们一样的坚持，就算成不了"大富豪"，当上"小财女"还是绰绰有余的。

闺中密语

当你学用一双"理财"的眼睛去看待这个世界时，你会看到整个世界的"黄金"俯拾即是，自己简直像是生在了"金矿"上。到了那个时候，你所得到的将不仅仅是精明和强干的性格，以及自信和优雅的气息，还会有无尽的财富和幸福。

第六章 职场女王,独立才能真正掌握自己的命运

女人也需要自己的工作和事业,它是使自身保持独立的物质基础和生活保障。女人,把自己变强比什么都好,只有独立而不依附于人,才能真正踏实地享受幸福,才能把命运真正掌握在自己手中。

1．你可以比男人做得更好

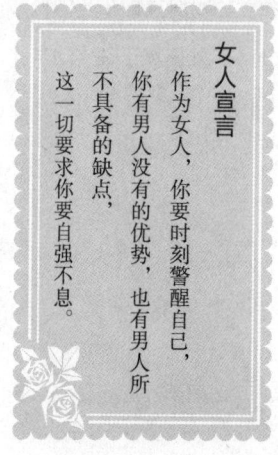

女人宣言

作为女人，你要时刻警醒自己，你有男人没有的优势，也有男人所不具备的缺点，这一切要求你要自强不息。

要做出一番事业，女性不但要比男性具备更大的忍耐力，而且更要有面对激烈的竞争和失败的打击，坚持到底、永不放弃的精神。事实上绝大多数女性成功的路并非通常人们想象的那样：沾了性别的好处或是被性别所累。从她们自身的心理角度看，她们反倒几乎没有什么强烈的性别意识，对自己的性别她们体现出一种认同、一种顺应自然，不事张扬，也不刻意排斥，她们大都依凭自身的能力和努力同男性竞争而获得成功。

不过就整体社会环境来说，不可否认，依然存在着不少阻碍女性发展的不利因素，一个满怀梦想的女人想要在职场上获得成功，或者在自己的事业上实现大的发展，她要付出的努力和汗水常常比男人多出很多。

女人要在职场上取得更好的成绩，首先一定要对自己充满信心，自信是一切事业成功的第一要素，没有自信，哪怕再简单的事情都无法做得完美，而有了自信，你就能把许多困难视如平常，你就能把自己的本职工作做得超常出色。

不存在做不好的事情，只有提不高的信心。职场女人完全能够做得跟男性一样好，甚至更好，只要你勇于面对一切，敢于自我挑战。

我有一位朋友目前是一家美资公司的部门经理。一旦你和她一起交谈，你将会被她的幽默风趣和睿智干练所折服。然而，几年以前，她却完全是另外一种状态。

几年以前，她是一个内向寡言的女子。尽管一直羡慕那些在大会、小会上都能口若悬河的男同事们，可她从内心里总觉得，作为一个女人，如果像男人一样话多，会很不体面，一定会给人留下好斗逞强的拙劣印象。因此，她总是在一切场合都保持缄默不言。

后来她感到，再如此下去会前途堪忧。职场中人，首先就是个标准的职业人，而不是性别差异上的男人或者女人。职业人掌握主动的话语权实在太重要了。当今大公司的公关部门、团队领袖、企业人力资源部、高级管理人员等高薪而有实权在握的职位，几乎都是男性独霸着。他们几乎都拥有一流高超的口才，在一切场合都可以有绝佳及适宜的表现。

另外，她发现，跟自己一起毕业的同学，在相同的职员岗位上工作一段时间之后，有的要么外驻，有的要么升职。在一次月会上，部门经理突然问她有什么想法？她却结巴着说自己没有什么想法，结果第二天立马被炒了鱿鱼。

这件事对她的打击难以形容，由于她不善于表达，被误认为对公司的事情漠不关心而被辞退。她尽管委屈，然而她也明白，不是人家没给她机会发表自己的看法，而是自己不敢说。当时，她狠狠发誓要像男人那样大胆地开口讲话。

后来，她真的做到了。不但做到了，而且在今天就职的这家美国独资企业，由于她总是能将自己的见解深入浅出地表述出来；由于她的话语幽默风趣，工作能力和个人亲和力都得到了极好的表现，因此，在企业的中层干部调整会上她被破格升为部门经理。

女人要谨记，假如你随波逐流，被动地接受命运的摆布，缺乏抗争不幸的巨大勇气，那么你终将毫无建树。

别让你的性别观念左右你。在职场上，最根本的并不是性别之分，而是能力的高低之分。你要记住，不论什么企业的老板，他首先看中的是你各方面的能力，而不是看你是男性或是女性。你能够为企业创造更大的效益，你就是优秀的，你就会得到老板的赏识。明白这一点后，你就该摒弃你的抱怨，把全副身心灌注到你的工作上。如此的话，成功便会向你一步步走来。

所有蔑视困难、敢于向困难挑战的女人都是勇敢而又有魅力的女人，哪怕她们身处极度黑暗的世界，也要为自己承担起责任。她们不甘心过向人乞求的可怜虫生活，面对困难乃至挫败，她们始终不绝望，也从不去找任何一文不值的借口。

2. 像男人一样表现自己

男性往往拥有果敢自信、沉着冷静、富有智慧的头脑，因此职场中的男性总是比女性更容易成功，女性在职场中的成功似乎总是无法与男性并驾齐驱。为什么会有这样的差距呢？这主要不是专业能力有高低，而是思维方式有差异。

> **女人宣言**
>
> 因为女人，就应该少说多做；
> 因为女人，就应该学会掩藏自己的意见；
> 因为女人，就应该沉默是金⋯⋯
> 别傻了，你长袖善舞，才可以吸引众人的目光；
> 你如莺初啼，更能抓住那些散乱在你周围的注意力！

大家知道，思维方式决定着一个人的事业是否能够做强做大。在长期由男性主导的职场环境中，男性们建立了适合他们的职场游戏规则。女性要赢得半壁江山，不妨从了解男性的职场游戏规则开始，试着像男性那样思考和行事，学习他们的一些优秀职场品质。

（1）主动出击

由于害怕遭到拒绝，女性们很难说出自己心里的真正的要求。这对她们自己日后思维主动性的发挥造成了阻碍。

而遭到拒绝对职场中的男性而言，不一定是坏事，也许正因为上司一次又一次地拒绝，让他得以快速地成长起来。"拒绝"代表了仍有许多其他的可能性，他认为谁都有遭到拒绝的时候。所以不灰心、不泄气，他会在现有提案上进行修正，他坚信总会有被接受的机会。男性们总会换个角度自我评价，会换种方式再接再厉。这是一种自信的表现。

因此，女性应该摒弃自己的敏感脆弱、太过在意别人看法的弱点，重新规划生活目标，不断地朝着既定目标前进，将每一次的失败与挫折作为下一次抓住机会的动力，相信自己终有成功的一天。

（2）抓住表现的机会

我们的家长在教育子女时，往往更注重培养男孩子勇敢自信的一面，对女孩子，家长则要求她们要细心认真、体贴懂事。男性从小就被鼓励做事要勇敢，要勇于表达自己的看法。他们参与各项比赛、运动竞赛等活动，早已习惯竞争和输赢，很多人也了解没有永远的赢家。女性则习惯自觉地准备功课，虽然非常细心负责，却不擅表达和争取。

在职场的会议中，男同事总是非常踊跃地发言，滔滔不绝，似乎有备而来。事实却可能是他的提案没有你的充分和完美，但你并没有积极争取发言的机会，你错过了表达你的意见的机会，上司哪能知道你有更好的建议呢？结果是公司采用了男同事的提案。

（3）训练自信、合乎礼仪的表达技巧

除了在专业上要有充分的准备外，关键在于你是否能把握展现你的实力和宣传你的提案的机会。机会不会从天而降，你要学着自己去把握。你可以主动定期向老板报告团队的最新工作绩效，反映自己优秀的领导能力。同时主动与其他相关部门建立关系，介绍你的职务，让他们了解你能为他们做什么，你有什么资源可以分享。

表达是需要技巧的。许多人都知道说和写的能力足以说明一个人的才华。公司和企业里常常开会，开会是最有效的与高层主管们沟通的方式之一，你要在有限的时间里，吸引他们的注意力。首先，你的报告文本必须简短且有说服力。其次，你的演讲要把握分寸，让主管们听到最精彩的言辞，看到最佳状态极富有口才的你。

通常，作报告时的开场白应避免使用软弱的字句。比如，"我很抱歉打扰你的时间"、"我想谈谈我的不太成熟的看法"、"大家一定都曾想过这个创意"等，这种话语只能说明你还缺乏信心。你完全可以这样说："非常高兴我能有机会阐述我的建议"、"我一直都在努力寻找这方面的突破口"、"下面我来说明一下我的创意"等较为自信又不失礼节的话语。

女性可以试着多训练自己的报告技巧，以直接有力的开场白、自信坚定的答题方式在会议报告中给你的主管留下深刻的印象，这离你受青睐的日子就不远了。

（4）不要将私人感情带到工作中

女性通常较为感性，在工作中也很注重"朋友式"的同事关系，甚至把它看成是工作是否快乐的衡量标准。当有同事直接向你表示：你们只是工作上的伙伴而不是生活中的朋友时，女性们的反应通常会感到受了伤。因为她们认为她们是那样真诚。甚至开始猜测一些不是原因的原因，以至于间接地影响了彼此工作上的合作与支援。对于这种状况，男性的反应常是无所谓，今天在会议中是竞争的对手，明天还可以一起去唱歌，公私分明，两者无关，也不会产生矛盾。

女性习惯将同事的战友关系等同于朋友关系。建议女性在职场中应以工作职务为标准，不要因为朋友的关系而影响了公事。彼此不是朋友也要工作上积极配合，并肩完成任务。将私人感情带进工作中，影响是相当坏的。如何与同事保持适当距离也是一种处世艺术，值得女性们深思。

（5）不要随意抱怨工作

人人都难免在工作中碰到瓶颈或挫折，女性是习惯倾诉的人群，所以常常忍不住私下里向朋友、向同事发泄各种烦恼怨气，弄得全公司的人都知道你的不满。结果是你不但没有解决你的困难，却换来团队成员对你的不信任。

这种时候，男性相对较为克制，不会轻易向其他同事透露烦恼，也不会表现出自己焦躁的情绪，因为他很清楚这肯定会影响到工作，同时也影响了自己在同事面前的形象。

一个女性职员千万不要期待别人替你解决烦恼，所以，你根本没有必要在众人面前说这道那，你要设法寻找平衡情绪、缓解压力的方法。

（6）幽默与笑容是最好的名片

多数女性在公开场合中都不太幽默，不是因为她们没有幽默感，也不是因为她缺乏表达幽默的能力，而是因为她们有一种思维定式：女性在公共场合中要保持认真、严肃的工作作风和女性的矜持。你若过于严肃，别人往往不知该如何与你沟通，要迈开交流的第一步实在很难，因此容易与你保持距离。男性则擅长运用幽默的话语和表情来缓和紧张的气氛，让别人觉得他是如此亲切，因此别人也更易接受他的看法。真正的交流就没问题了。

最后，女人们要切记，你做的事越来越多，也要懂得为自己争取更多的职权，以获得升迁的机会。这时就得多多学习男性朋友了。在担任更多的工作责任的同时主动要求升迁。这样不但可以让自己有更大的发展空间，也会让自己拥有更多人力、物力资源，使工作更有效率。

职场中的女性完全可以出出风头，不要管别人怎么说。你要记住，同在职场，总得有人当领头羊，不可能所有人都在同一条水平线上。你要实现你的理想，不仅要有丰富的思想，更要具备自我推销的才能，而且必要的时候可以适当地让上司听到你的声音，你一定会得到上司的注意和赏识，你的职场面貌就能焕然一新了。

3. 善用女性天赋的优势

不管是男人还是女人，都蕴藏着巨大的潜能。令人遗憾的是，许多女人却不相信自己跟男人一样拥有巨大潜能，这是众多女人思维上固有的最大误区。而每一个事业有成的女人，她们有一个显著的共同点，就是不断积极挖掘自己的潜能。

反之，任何普普通通的女人，绝不是缺乏潜能，而是不相信自己有潜能，经受

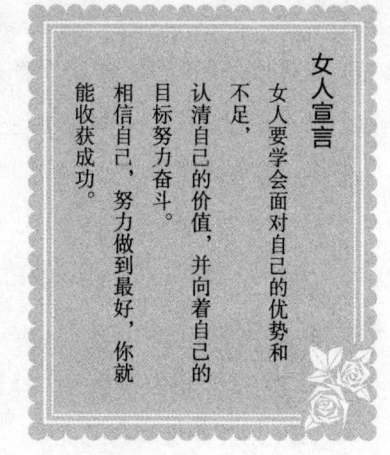

女人宣言

女人要学会面对自己的优势和不足，认清自己的价值，并向着自己的目标努力奋斗。

相信自己，努力做到最好，你就能收获成功。

一两次挫折，就总是怀疑自己不够聪明，反复强化自己是女人，没有男人聪明的意念。时间久了，认为自己不如男人的想法越来越固化，形成思维惯性，一事当前首先就认为自己做不好，潜能当然被埋没了。

人的潜能仿佛地下的矿石，假如自己不相信地下有矿，只是着眼于砍伐浅浅地表的柴草，必定会感到资源贫乏，柴草越砍越枯竭。倘若坚信自己大脑深处隐潜着巨大的资源，并立足于往深处大力开采，那一定会有无限丰富的潜能滚滚涌来的感觉。

可以说，在这个世界上，我们每一个人都具有超强的非凡能力，我们

能够获得的成就永远超出我们的想象。因此，任何时候都不要看低自己的能力。不少人自认为女人天生能力比男人弱，其实根本不是这样。在过去的几十年时间里，科学研究已涉足探讨女人优势的领域。所有女人都能够证明自己在某些事情或领域里比男人强。

那么，你可能就会问，自身的特长与优势在哪些行业才得到更好地施展与发挥呢？

要选择能够充分展示自身优势的行业，就首先要了解你自身的优势在哪里。据国内外许多研究结果显示：女性在就业时的优势主要有语言能力的优势、形象思维的优势、交际能力的优势、管理能力与忍耐能力的优势，等等。这些优势都是女性非常重要的职业品质，如果女性能够充分发挥这些天赋的优势，对个人未来的发展是十分有帮助的。这些优秀的品质所包括的行业也是多种多样的。

（1）语言能力的优势

女孩一般都比男孩说话要早，而且随着年龄的增长与知识的积累，女性驾驭语言的能力更为出色。因此，女性会在文字整理、报刊编辑与教育工作之中，更能够发挥自身的特长。

（2）形象思维能力的优势

一般情况下，女性的形象思维能力比男性都要强，而且也比男性想象得更为细致与周到，所以，服装设计、企业策划等工作，更能发挥女性自身的这些优势。

（3）交际能力的优势

女性普遍都具有温顺和蔼、容易与人相处、感情丰富细腻、善于观察细节、体谅他人等特性，而这些特性如果能运用到人际交往之中，就能起到事倍功半的作用。为此，女性在公关、商品推销、咨询服务类行业中就可以充分发挥其聪明才智了。

(4) 管理能力的优势

受过高等教育的才女们，一般都具有一定的专业知识，个人修养又较好，而且能够广泛地听取各方面的意见，善于与他人合作。所以，女性如果能从事企事业单位的行政管理、人力资源管理等工作，一定能够游刃有余。

(5) 忍耐能力的优势

女性具有沉着、耐心、细致等特性，多数女性可以在相当单调乏味的条件下。耐心细致、认真负责地工作，所以，女性可以在图书管理、档案管理、资料收集、信息处理方面去锻炼自己。

以上的这些优势与特长使女性在特定的一些行业里越来越成功，并被社会各界广泛认可。所以，女人们在求职的时候，一定要充分利用女性较强的感知能力、富有创意的思维能力、认真细致的优势，选择适合自身特质的行业，这样才能使你在这个行业里有更好的发展。

人力资源管理专家指出，现在职场中大多数的白领女士们在遇到困难时，不撒娇、不怯懦、带着诚实、热忱、责任心去解决问题。而男人们也已不再时时处处给女士们留情面，男女之间真正表现出一种平等相待的关系。不管在男人或者女人眼里，她或者他，都是对手、同事、战友，谁也没有比谁更有特权或更有优势，每一个人都在同一起跑线上争夺业绩，都相信"成者王侯败者寇"。

所以，女人原本就不比男人差，只是由于过去固有的陈腐观念，使太多的女人倾向于认为自己的能力不如男人。如今在以能力论成败的大环境中，女人千万不该自认为女人就比男人差。你完全有能力比男人做得更精彩。

闺中密语

自古男女是有别的，女性由于其在生理与心理特点上与男性会稍有不同，其在个人职业生涯中也形成了一定的优势与劣势，所以，女性在择业或就业的时候一定要寻找那些适合女性发展的职业。

4．永远对工作充满热忱

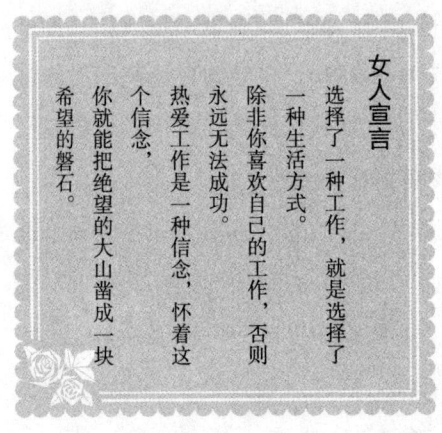

女人宣言

选择了一种工作，就是选择了一种生活方式。

除非你喜欢自己的工作，否则永远无法成功。

热爱工作是一种信念，怀着这个信念，你就能把绝望的大山凿成一块希望的磐石。

黑格尔说过："没有热情，世界上没有一件伟大的事能完成。"

热忱是一种积极向上的精神力量。如果没有热忱，军队就不会打胜仗，音乐就不能动人心扉，诗歌就没有灵魂……当你工作不知为何时，你便会缺乏工作积极性，丧失前进的方向。只有你充分认识到工作的价值和重要性，真心地喜欢这份工作并为之付出极大的热忱，你才能够在工作中发挥你的最大潜能，不断自我创造和发展，在实现自我价值的过程中收获快乐。

只有热爱工作才能有激情，才能有动力，才能取得好成绩，而且你对自己的工作越热爱，决心越大，工作效率也就会越高。

有些女人说："我也想满怀热情地工作，但我总觉得结婚后身不由己了。"的确，婚后有很多女性因为家庭的缘故，无法在工作中保持原有的专注。尽管这一切可能并不是她们的本意，但很明显她们没能够找到工作与家庭的平衡点。通常，她们在工作中会显得有些散漫，敷衍成了工作的主色调,遇到问题不敢迎面而上,甚至推得一干二净。这样一来,无论干什么工作,也无论干多长时间,始终都是个可有可无的边缘人。

但是,生活中也有一些女人,能够把工作当成自己的人生支点,把家庭和事业巧妙地分开,走进职场的时候,总是满腔热情地投入工作。她们不会因为有了家室而分心,更不会抱怨工作不是自己擅长的,不是自己喜欢的。毕竟不是每个人都可以那么幸运,做自己喜欢的工作,即使做了自己喜欢的工作,日子久了也会感到厌烦,可以说只要是以谋生为手段的工作都不会让人感到有趣。她们心里很清楚,一个工作是否有趣并不在于工作本身,而在于自己的心态。

你一定要明白:真正成功的女人,并不是那些所谓的工作狂、女强人,甚至为了事业忘掉了恋爱和婚姻的女人,而是可以家里家外兼顾的女人,能够在家里做个贤妻良母,在外做个热情干练的职业女性。婚姻不是爱情的坟墓,也不是事业的断点,每个女人都该学会在享受家庭幸福的同时,以同样的热忱投入到工作中。工作带给你的,不仅是一种成就感,也能够给你带来生活财富,保障家庭的稳定。

所以,不管是未婚还是已婚,都不能放弃对工作的热情。只有这样,你才能够保持一份阳光的心态,让自己不与社会脱节,一直保持年轻的状态,享受人生更多的幸福和成就感。

闺中密语

不管你的工作怎样平凡,都应当以豁达的心态从中寻找乐趣,更应当付出十二分的热忱。这样,你才可能从平庸卑微的境况中解脱出来,不再有劳碌辛苦的感觉,厌恶的感觉也自然会烟消云散。那种视工作为获得快乐的工具的念头会彻底葬送你对生活的憧憬。

5. 在工作中找寻快乐

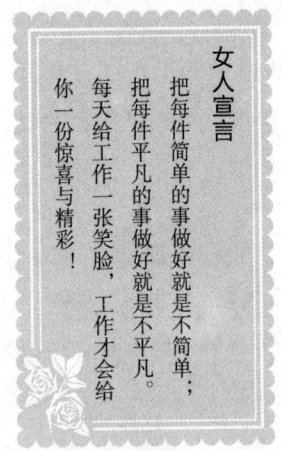

女人宣言

把每件简单的事做好就是不简单；把每件平凡的事做好就是不平凡。每天给工作一张笑脸，工作才会给你一份惊喜与精彩！

生活中，很多女人都把工作看成了一件异常痛苦的事，甚至于比洪水猛兽还要可怕，于是，就出现了很多逃避工作的全职太太。当然，并不是说每个家庭主妇是不喜欢工作，也有的是为了支持丈夫的事业。

事实上，工作并没有那么可怕，是你把它想得太过枯燥乏味。福布斯曾经说过："工作对我们而言究竟是乐趣，还是枯燥乏味的事情，其实全要看自己怎么想，而不是看工作本身。"如果我们能把工作看成一种创造性活动，看作一种自我满足、一种艺术创作，全身心地投入，就会觉得工作是一件非常有意义的事，任何人都能从中获得快乐。这就是一个心态问题，用一种快乐的心态去工作，工作也会变得更加简单。

可惜，很多女人却钻了牛角尖，总把工作仅仅当成可以获得物质享受的途径，认为拼力挣钱就可以换得舒适生活，而忽略了在工作中就可以获得的快乐享受。这样一来，工作难免就变成了一件枯燥乏味的事，也正因为如此，至少有70％的人都被烦恼和琐事困扰，开始出现慢性疲劳、情绪不稳、代谢异常等亚健康状况。职场中的女人更是如此。

很多人都认为家里才是女人的主要战场，要么你是全职太太，要么你就要事业家庭都兼顾，这样繁重的压力，有几个女人能够轻松应对？所以，女人要能够自己调节自己的身心，更要适时地"饶"过自己，努力让自己学会在工作中享受，在享受中认真工作。只有懂得享受工作，我们才能让自己拥有健康的身心和愉快的情绪，这样才能让自己在家庭和职场上来去自如地穿梭。

徐萌喜欢安静，最大的爱好就是看书。上学的时候她的梦想就是以后能够找到一份安静的工作，有很多属于自己的时间，在闲暇之余可以约上一两个知心朋友饮茶聊天。但是，理想很丰满，现实很骨感，徐萌不但和自己喜欢的工作失之交臂，还委曲求全地干上了自己深恶痛绝的销售，这让她很痛苦。

刚开始的时候，徐萌和许多刚毕业的大学生一样，空有一肚子墨水，却毫无实干经验，再加上她对这个工作本身都提不起任何兴趣。所以，做这个工作很吃力，觉得自己每天都生活在水深火热中。

徐萌第一次去拜访客户的时候就碰了一鼻子灰，她一向自视清高，从来没尝过被拒绝的滋味，吃了闭门羹的她大受打击，回到公司后立即向老板提出了辞职报告。

老板看了她的辞职报告后，了解了她的状况，并没有立即同意她辞职，反而把她"臭骂"了一顿。挨骂后的徐萌骨子里不服输的倔强个性被老板给激发出来了，她留了下来，她要向别人证明自己。

通过自己的努力，不久之后，徐萌赢得了自己的第一个客户。这次小小的成功让徐萌雀跃不已，甚至觉得自己也是个了不起的"大人物"，更加燃起了她挑战自己、挑战这份工作的信心。

徐萌的学习能力很强，接受新事物也很快。为了收集信息、拓展自己的人脉，她还经常找同学和朋友聊天，这也在无形之中满足了自己约朋唤友在茶社聊天的愿望，在享受中工作。没过多久，徐萌就发现自己变得善于交际了，面对各种人都能轻松应对，而且谈吐还优雅得体、幽默风趣，特别是在搞定一个难缠的客户的时候，心里的那种满足感更是一种享受。渐渐地，徐萌完完全全地喜欢上了这个工作。

现在，徐萌已经结婚生子，但她还是没有放弃自己的工作。虽然每天的工作很琐碎，家里也要靠自己打理，可她总能在工作中捕捉到种种快乐、愉悦。家里井然有序，工作更是非常出色。

多数情况下，我们也像徐萌一样，因为没有深入了解一份工作，做起工作来就像个门外汉，摸不着门路而碰壁，工作的积极性也容易被打消，结果对它心生厌恶，甚至轻易地放弃它，从而失去了一个激发自己潜能的机会，更不会得到享受这个工作的乐趣。所以，当你面对一个不熟悉的新工作、新领域，先别忙着辞职、退缩，给自己一段时间去了解它、探究它。就像恋爱一样，这个世界上没有那么多的一见钟情，也许刚开始的时候他并不是你梦中的白马王子，也不要急着将对方拉进自己的黑名单，深入了解一下也无妨，也许在接触的过程中，你会发现他的许多优点，从而喜欢上他，甚至对他欲罢不能。

另外，不喜欢一份工作还有怀才不遇的心理在作祟。现实生活中，你可能迫于无奈干上自己并不是很擅长的工作，而让自己的特长在肚子里发霉，这个时候的你一定感觉到很憋屈，觉得自己就像是一个揣着满袋子金币却找不到零钱打电话的富翁，于是就会消极地对待自己的工作。其实，任何事物都是普遍联系的，只要你善于发现，你也许会在平凡的工作中做出不平凡的事，失去战场并不可怕，最怕的就是失去自己的斗志。

"愚人向远方寻找快乐，智者则在身旁培养快乐。"这句话是很有道理的，接受现实，在现实中培养快乐比长途跋涉寻找快乐来得容易和实在，有的梦想只是一个空中花园。那么怎样才能在工作中得到快乐呢？

所以，你要先给自己找到快乐的方向，毕竟方向决定未来。对于自己的人生要有个规划，知道自己想要什么，才能下意识地去创造什么，这样才能让生活过得很有意义，也才能在逐渐实现自己目标的过程中享受到快乐。

工作是快乐的，工作着的女人是美丽的。学会快乐地工作，才能在忙碌中寻找到人生的另一种乐趣。

闺中密语

你要找到工作中获得快乐的源泉，这对你来说可能并不是件容易之事，但是你可以让其变得简单，那就是调整你对待工作的态度，让自己喜欢上它，并从心底认同它，那么你才能全力以赴地去干好它，当你的工作得到别人的认可的时候，你也就会享受到工作的乐趣了。

6．敬业让女人更出色

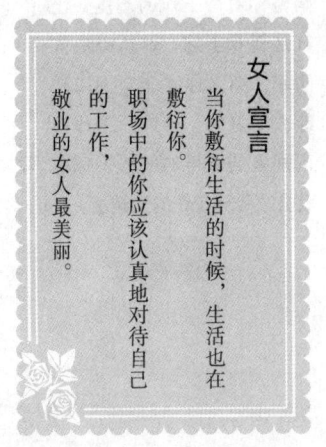

女人宣言
当你敷衍生活的时候，生活也在敷衍你。
职场中的你应该认真地对待自己的工作，
敬业的女人最美丽。

一个人要想拥有健全的人生，家庭和工作都是不可缺少的。如果说家庭是女人避风的港湾，那么工作就是她们出航的目的地，更是让她们骄傲地立足于这个世界上的根本。

所以，作为女人，应该懂得尊重和热爱自己的工作，做一个敬业的女人，这样才能让自己的价值得到最好的发挥。

那么，怎样才算得上敬业呢？敬业，就是恪尽职守，敬重自己所从事的工作，并引以为自豪。敬业所表现出来的就是认真负责、用情投入，并且做到善始善终。好高骛远，对自己的工作不负责任的人，也是对自己人生不负责的表现，敬业不仅仅是美好的职业道德，更是对自己的一种尊重。培养良好的敬业精神对自己以后的人生道路也有深远的影响，忠诚敬业会把你带上人生的另一个高峰，让你成为一个更为出色的女人。

日本内阁邮政大臣野田圣子，她还在上大学的时候，利用暑假的时间曾到东京帝国饭店打工，在那里她的工作是清洗马桶。

可能和大部分女孩一样,当她开始干这份工作的时候,也想过放弃这份又脏又累的工作。当她把手伸进马桶的时候,她差点儿呕吐出来,她更加觉得这份工作不适合她。但当她正要放弃的时候,她看到了和她一样在这里清洗马桶的一位老清洁工在洗完马桶后居然从中舀了一杯水喝了下去,并自豪地说她洗过的马桶是非常干净的。看到这,年少的野田圣子放弃了辞职的念头,她开始明白一个道理:工作是不分好坏的,只要自己用心地完成它。

就这样,她努力地工作着,在暑假临结束时经理前来查验清洁效果,她当着众人的面从自己清洗过的马桶里舀了一杯水毫不犹豫地喝了下去,在场的人都十分震惊与感动。这样的敬业精神,还有对自己工作的自信让他们明白,这个女孩将注定是一个不平凡的人,她的人生必定另有建树。

野田圣子也用行动证明了他们的猜想是对的。大学毕业后顺利地进入到该饭店的她,成为了酒店晋升最快的员工,但这并不是她人生的终极目标,她有更宏远的目标。

37岁时,野田圣子迎来人生的第一个转折点,她步入政坛,并很快成为日本内阁邮政大臣。每次介绍自己的时候,野田圣子总是这样说:"我是最敬业的厕所清洁工和最忠于职守的内阁大臣。"不可否认,她所获得的巨大成就都源于她的敬业精神,她付出了常人难以想象的努力。

野田圣子注定是不平凡的,她的精神值得所有人学习。平凡的你也可以像她一样,用你的敬业精神把工作做得更加出色,让自己更加出色,从而改写自己的人生。也许你会说自己太过平凡,不能和作为内阁邮政大臣的她相提并论,但是敬业并不是非要轰轰烈烈、惊天动地。用心对待工作中的每一件小事,使敬业成为一种习惯,这就是取得成功的秘密。野田圣子不就是从刷马桶起步的吗?

敬业作为一种可贵的职业操守，是人们积极进取的原动力，是一个人在工作过程中必须具有的精神。那么，作为职场女性，如何才能摒弃自己敷衍的态度，做一个具有敬业精神的女人呢？

首先，千万不能抱着"我有家庭，我有孩子，做不好工作我就回家当全职太太，反正还有老公养着……"这样的心态，只能够让你对工作敷衍了事，因为你没有从根本上重视你的工作。所以，你必须树立敬业意识，因为意识决定人的行动，只有把敬业根植在自己的思想中，才有不屈不挠、忠于职守的信念。

其次，要摒弃掉所有的诱惑，这一点对于女人来说尤为重要。在职场中，女性面对的诱惑是来自多方面的，只有能够抵得住诱惑，才能坚定执着地追求自己的理想。

最后，记得付诸行动，不能做思想的巨人、行动的矮子。只要是你认为对的事情，不可优柔寡断，必须马上付诸行动。如果你缺乏立即行动的习惯，那么在你身上所体现的，将是懒散、拖沓，这样下去终将一事无成。很多女人最缺乏的就是立即行动的魄力，要突破这一点就要让自己变得有决断。

敬业不只是轰轰烈烈的辉煌，更是一种默默的奉献，做到敬业并不难，你用心的一个微笑、一句问候、一次加班、一抬手、一举足，就等于迈出了敬业的第一步。在兼顾家庭的同时，做一个敬业的女人吧。它会让你变得更出色，让你的人生更完美。

闺中密语

不管从哪个层次来讲，不管是男人还是女人，敬业所表现出来的就是要认真负责，认真做事，一丝不苟，有始有终。当自己在细微的工作淬炼出敬业精神，并深深地植入脑海里，那么做起事来就会积极主动，就会从中体会到乐趣，从而也会获得更多的经验，获得更大的成功，真正体现你自身的价值。

下篇

雅致若兰,女人的优雅无关韶华

第七章 才情是一件穿不破的衣裳

美丽的容颜会随着时光的流逝而逐渐消失，而内心的才情却会经久弥香。可以说，由内而外散发的文化气质、丰富才情是女人最极致的优雅。一个优雅的女人，仅仅拥有外表的高贵是远远不够的，它更需要坚实的内在因素做后盾，这就是自身的才情。

1. 学识让女人更有魅力

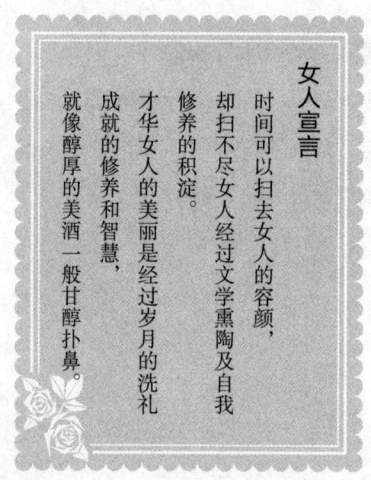

女人宣言

时间可以扫去女人的容颜，却扫不尽女人经过文学熏陶及自我修养的积淀。才华女人的美丽是经过岁月的洗礼成就的修养和智慧，就像醇厚的美酒一般甘醇扑鼻。

"女子无才便是德"的旧道德规范认为妇女无须拥有才能，只需顺从丈夫即可，在一定程度上认定女人就是男人的附属品。在封建社会背景下生存的女性遵守着三从四德，没有条件接受教育的她们只得任人摆布，过着卑微的生活。

在现代社会，从知识中汲取力量的女人们端庄贤惠、知书达理且温文尔雅，一举一动都透露出大家风范，从而赢得自身的幸福。每一位女人都要经历成长过程，在知识的丰富和才华的增长上更进一步，让自我拥有知识，也就拥有了一种超越自我的手段，那么打开幸福大门的钥匙自然就握在手中。

综观历史，才华横溢的女子比比皆是。比如班昭、李清照、秋瑾等，她们拥有才识、能力，且腹有诗书才华，将博学化作不变的永恒，流传于世。

学识渊博、品位高雅的女人是最有魅力的，更能成就事业和生活上的成功。即使相貌平平、素面朝天，也丝毫不影响她们发挥自己的魅力。

相反，这样的女性具有一种独特的美，是一种超出表面之外的更深层次的美。正是这种美，让男人相信"女人也能顶半边天"。她们以丝毫不比男人逊色的能力，在事业上与男人并驾齐驱。而在生活中，她们化身贤惠的妻子和温柔的母亲，玩转于多种复杂多变的角色中，其乐无穷。

林晓晓是业界公认的才女，文学的积淀和良好的修养让她在生活和工作中独立、自信，有主见，对爱情执着的她拥有一个幸福的家庭，可爱的孩子和爱她的老公，幸福的林晓晓每天都神采奕奕、容光焕发。

其实林晓晓最早的生活状态并非如此，她曾经有过一段失败的婚姻，当她最爱的人离她远去时只留下了一句决绝的话语："我不希望我的妻子是没半点文采的妇人，更不希望我的孩子有一个徒有其表、没有内涵的母亲。"

听到前夫的这句话，林晓晓认识到天底下没有哪个男人会宠爱大字不识的傻瓜。此次婚姻的打击让林晓晓明白了很多，她开始用知识充实自己，用文学武装心灵。渐渐地，那个与人交谈言之无物、枯燥乏味的女人不见了，取而代之的是经过学识历练后没有任何杂质的美丽女人。

身为气质美女的林晓晓最终用自己的努力迎来了真爱，得到了她梦寐以求的幸福。她不是用美貌赢得丈夫的宠爱，而是用修养和才学令丈夫倾心且念念不忘。林晓晓永远记得初为人母的那一刻，丈夫深情地对她说："你肯定会是一位优秀的母亲，通过你的教育，我们的孩子肯定能成为一个有教养的人。"

林晓晓听到由于自己的改变，前夫与现任丈夫对她的两种结论后热泪盈眶。她懂得了，幸福是要自己争取，而争取幸福的阶梯就是女人的内在涵养与学识。

为了让更多的女人得到渴望中的幸福，林晓晓透露了她幸福的小秘密,她说:"女人如果想要活得自我,得到梦想中的幸福,唯一的诀窍就是让自己拥有才学,女子无才便是德的论调是对女性的污蔑和攻击。在当今竞争激烈的社会中,只有才学能化解女性的压力,让她在纷争的社会中找到自我,并孜孜不倦地追逐幸福。另外,女人另外的身份是妻子、母亲,胸无点墨的女人很难得到爱人的宠爱,试想哪一位丈夫愿意自己的妻子谈吐粗俗、举止无拘呢?教育孩子同样如此,身为一个没有学识的母亲,孩子又怎能得到良好的教育呢?"

林晓晓犀利的话语值得女人们深思。花瓶固然惹人喜爱,但是浮于表面的喜欢最终会被时间的腐蚀所磨灭。忙碌不是感情不和、家庭破裂的理由。聪明的女人会将自己的智慧运用到生活中,在工作和生活之间找到一个平衡点,工作顺利、生活幸福。

一项关于"你是否喜欢有才华女人"的调查结果显示:26%的人觉得会有压力,42%的人觉得佩服,32%的人觉得有成就感。由此可见,大多数男人更喜欢有才华的女人。

有人不禁要问了,男人不是喜欢"傻"女人吗?要知道,傻女人并不一定是真傻,而是她们更善于灵活地运用装傻的艺术罢了:在无关紧要的小事面前,装聋作哑、故意装傻;在触及原则的问题上,则运用自己的智慧巧妙地化解矛盾。我认为,这样的女人其实是大智若愚,一点都不傻。

有才之女,更通俗的说法就是知识女性。营造良好的心境是知识女性的必修课。良好的心境能给人以"万事如意"的感觉,鼓励人迎难而上。而消极的心境只会使人意志消沉,甚至产生悲观厌世之情。知识女性有知识,如果能以积极的心态拥抱生活,培养多种业余爱好,就能陶冶情操,生活幸福。

罗曼·罗兰曾说:"知识是唯一的美容佳品,书是女人的时装。书会让女人保持永恒的美丽。多读一些书，让自己多一点自信，加上你因了解人情世故而产生的一种对人、对物的爱与宽恕的涵养，那时你就自然会有一种从容不迫、雍容高贵的风度。"还有人说："世界有十分美丽，但如果没有女人，世界将失掉七分色彩；如果没有读书的女人，色彩将失掉七分内蕴。"

知识可以拂去内心的空虚，改变语言和行为的低俗，让她们变得自信、优雅、积极，并将这份快乐传递给身边的人。懂得用自己的行动去影响周围的人或事，这样的女人无疑是聪明的。只有这样的女人，才能拥有美好的爱情和幸福的婚姻。

闺中密语

女人要想得到他人的宠爱，就要注意内在的修养，做一个有才华的女人，因为才华会让女人更具内涵、更显韵味。所谓小女人，并非是一味含羞带怯方显楚楚动人，一个具有文化底蕴的小女人才能将自身的涵养展现得淋漓尽致，才能赢得更多赞许的目光。

2．运气是碰见的，智慧是自己的

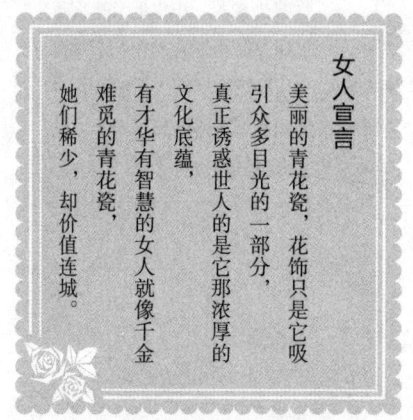

女人宣言

美丽的青花瓷，花饰只是它吸引众多目光的一部分，真正诱惑世人的是它那浓厚的文化底蕴，有才华有智慧的女人就像千金难觅的青花瓷，她们稀少，却价值连城。

台湾作家曹又方说："女人可以不美丽，但不能缺乏智慧。"仅仅只有美貌而没有智慧，那只能算得上魅力。有智慧，才会给你增添无限的气质和魅力，让你备受别人的喜爱和关注。

每个女人都想自己运气和智慧兼备，运气总有用光的那一天，而智慧不会。女人的运气好比孩童手中的气球，虽然色彩斑斓但是经不起外界的考验，很有可能会突然间爆掉，而女人的智慧则更像一个充气十足的皮球，你越是用力拍它，它就弹跳得越高。

靠运气生存的女性幸福指数也会有所改变。而拥有智慧的女性则可以随时转换角色观念和行为模式，她们知晓如何营造良好的心境去对待生活中可能发生的种种问题。有才华的女人通常处于女性生活的最上层，随着知识面的增长和文化的积淀，才女受教育的机会、晋升的机会、婚姻机会都会随着自己的努力随之而来，享受幸福的机遇比一般女人要高。

19世纪，英国著名作家夏洛蒂·勃朗特所著的《简·爱》影响了很多女人对人生的态度和幸福的追求。其貌不扬的简·爱身材瘦小，既无金钱也无地位，但是生活的磨炼造就了她不凡的气质和丰富的感情世界。从女主人公身上，我们看到的是女人抛弃天性的懦弱和娇美而养成的坚强独立的性格。

"你以为，因为我穷，低微、不美、矮小，我就没有灵魂、没有心吗？你想错了！我的灵魂跟你的一样，我的心也跟你的完全一样！要是上帝赐予我财富和美貌，我一定要让你难以离开我，就像我现在难以离开你。我现在与你说话，是我的精神与你的精神说话，就像两个都经历了坟墓，我们站在上帝脚跟前，是平等的，因为我们是平等的。"简·爱对罗切斯特如是说。

简·爱就是十足的智慧女人，她用自己的行动告诉世人：我虽然不美丽，但是我有权利平等地追求一份平等的爱情、一生浓厚的幸福。我虽然不美丽，但是富有挑战和抗争的精神，聪明好学并自尊自爱，尽管地位卑微却不甘平庸。在她清晰的头脑中明白，赢得幸福的爱情不是奴颜婢膝，也不是一味地讨好。聪明的简·爱用平等和相互独立作为爱情的基础，最终赢得了罗切斯特的尊敬和爱戴，得到了想要的幸福。

每个女人都是生活中的主角。作为主角的你，仅仅拥有漂亮的脸蛋是不足以弥久深长的，让我们记住这样一句话："运气和美丽总有一天会离我们而去，而智慧却不会。"只要记住这样一条不是真理却和真理一样闪光的话语，女人才能尽早获得属于自我的幸福。

闺中密语

幸运之神不可能永远眷顾同一个人，幸运降临的瞬间无疑是美好的，然而这种美好却是不牢靠的。运气用尽的女人心理通常有极大的落差，很多依赖运气谋求幸福的女人往往经受不住运气的遗弃而萎靡颓废。

3．业余爱好丰富自己的才情

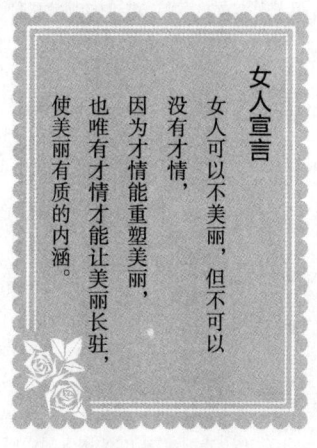

女人宣言

女人可以不美丽，但不可以没有才情，因为才情能重塑美丽，也唯有才情才能让美丽长驻，使美丽有质的内涵。

谚语云："才情是穿不破的衣裳。"这里的"衣裳"，既与风度美息息相关，更与知识内涵分不开，女人最漂亮的"衣裳"是那件外表靓丽且质地优良的才情"外衣"。

有才情的女人，无论从事什么样的职业、什么身份、是否富有，她们都会从言谈举止间透露出自己优雅迷人的气质和风度。才情女人待人接物落落大方；她们时尚、得体，懂得尊重别人，同时也爱惜自己。才情女人的女性魅力和她为人处世的能力一样令人刮目相看。

生活中每天抽出一点儿时间来培养和从事一项自己的业余爱好，做一些自己喜欢的事情，不仅有助于丰富我们的才情，还可以为我们忙碌的生活增添情趣。

小谨是一家知名公司的经理，尽管她的事业非常辉煌，但她总感觉生活中像缺了点儿什么东西似的。于是她选择了油画，每天抽出一个小时来安心画画，不仅事业取得了更大的成就，而且她在画画上也得到了丰厚的回报，多次成功地举办了个人画展。小谨在谈起自己的成功时说："过去我很想画画，但从未学过油画，我不敢相信自己能有收获。可我还是决定学油画，无论做出多大的牺牲，每天一定要抽一小时来画画。"

小谨为了保证这一小时不受干扰，唯一的办法就是每天早晨5点前就起床，一直画到吃早饭。小谨后来回忆说："其实那并不算苦，一旦我决定每天在这一小时里学画，每天清晨这个时候，就怎么也不想再睡了。"她把楼顶改为画室，几年来她从未放过早晨的这一小时，而长期的付出给她的回报也是惊人的。她的油画大量在画展上出现，她还多次成功地举办了个人画展，其中有几百幅画以高价被买走了。她把这一小时作画所得的全部收入变为奖学金，专门奖励那些搞艺术的优秀学生。她说："捐赠这点钱算不了什么，只是我的一半收获。从画画中我所获得的启迪和愉悦才是我最大的收获！"

"琴书诗画，达士以之养性灵"，寄情于水墨丹青之中，沉浸于洒满墨香的氛围之中，人的心胸会顿觉舒畅，在感受艺术美的同时感受生命之美，生活中的一切不快便会"不放自下"。

可见，拥有一项属于自己的业余爱好，不仅能够为气质女人缓解生活中的压力和苦闷，也是一种增进人生体验、挖掘生活乐趣的好方法。

真正的才情女性具有一种大气而非平庸的聪明，是灵性与弹性的结合。一个纯粹意义上的"知性"女人，既有人格的魅力，又有女性的吸引力，更有感知的影响力。她不仅能征服男人，也能征服女人。

闺中密语

业余爱好是一个人的精神食粮，它是女人心灵的一块绿洲，在人生旅途干涸的时候，滋润慰藉女人的心灵；她是女人心中的一片花园，在生活乏味的时候，盛放出绚丽夺目的花朵，让生活的底色不再是一片灰黑。良好的爱好能支撑女人的精神世界，也丰富着女人的才情与智慧，它可以使女人的生命焕发出灿烂夺目的光辉。

4. 学习是一辈子的修炼

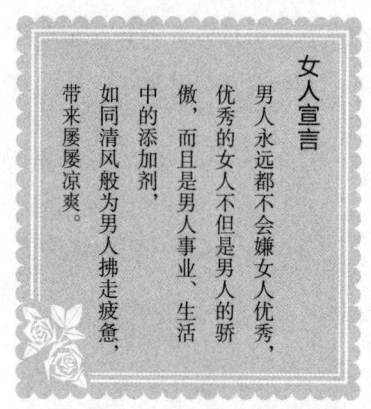

女人宣言

男人永远都不会嫌女人优秀，优秀的女人不但是男人的骄傲，而且是男人事业、生活中的添加剂，如同清风般为男人拂走疲惫，带来屡屡凉爽。

今日的女性时尚已经远离过去一味地烦琐和艳丽，而向着简单和个性转化了。用文化造就自己，用文化装扮自己，会比眼花缭乱的服饰和妆容有着深刻的美丽内涵。

英国作家毛姆曾经说过："世界上没有丑女人，只有一些不懂得如何使自己看来美丽的女人。"现代女性早已经学会在繁忙和优雅中积极地生活，懂得如何读书学习，也懂得如何开发自身的潜能，从而使自己的女性魅力光芒四射。

"作为一个女人，只有漂亮的脸蛋是远远不够的，她必须学习，不断地在精神上有所进取。"这是安常常说的话。

当然，并不是因为安丑，才说出这番话的。因为相貌一般或容貌不够完美的女性，非常明白自身的缺陷，所以就特别懂得去发掘自己的个性美，更注重内在气质的培养和修炼。我曾在一家国有企业任职，安的办公室有两女三男，那女孩的确长得很漂亮，她也因此占尽了便宜。但要论能力、论业务，她样样不如安。可是遇到涨工资、晋升职称、疗养的机会，却样样都是她的。

面对这些不公平，安没有说什么，只是暗暗地读书学习，报名参加了英语班、计算机班等，给自己"配置""升级"了许多优秀的软件，因为安很清楚自己的硬件不足，只有靠软件来补了。

两年后，安辞职来到一家合资企业。在那里安从一名职员开始做起，一直做到总经理助理。在一次谈判结束后，对方的老总邀请安共进午餐。后来，他成了安的先生，他说那天安在谈判中沉着冷静、不卑不亢的态度和优雅的举止、不凡的谈吐深深地吸引了他，他觉得安是最美的女人。

现在，安已经做了自己的老板，有了一个可爱的孩子，先生说安在家庭中是贤妻良母的楷模，在事业上是个优秀的管理者。

女人不能放弃学习，放弃了学习，就等于放弃了自己。培根说："知识就是力量。"安的经历又一次证明了这个道理。如果你想为未来做好准备，就必须学习，必须读书。

女人的真正魅力不是时髦，而是自己，正是为了创造一个货真价实的自己，才需要有品位，才需要对美的鉴赏力和区别于他人的辨别力。因为你不可能从时尚里创造出女人味，却可以从女人味里创造出自己特有的时尚气质。

女人独特的味道不是物质堆砌出来的，再好的化妆品也只能够装饰皮肤。女人的"味道"是由内散发出来的特殊气息，是一种清新爽朗的感觉，与外表、装饰无关，它是一种脚踏实地的文化修炼。

生活是需要平衡的，并不是只有工作，还有其他很多东西。女人应该懂得把握自己，无论在什么位置上，都要认认真真地尽自己的全力，把所扮演的每一个角色都演绎得淋漓尽致，尽善尽美。所以，读书充电对于女性来说是非常重要的。

正如巴尔扎克的那句名言:"三代培养不出来一个贵族。"这句话就足以说明文化修炼的艰难。

女人,文化层次是你的基调,审美习惯是你的向导。心理愉悦和季节的变化是你随时可以参考和可以改变的审美系数,所有这些加起来就是你的审美情趣。而审美情趣不是一朝一夕就可以培养的,这需要你不断地去学习,请记住,学到老,才能美到老。

5. 腹有诗书气自华

女人的美有两种最基本的划分方法：一种是外在的形貌美，另一种是内在的心灵美。

外在美的女人是自身美的凝聚和显现，它既能给自身以极大的心理满足和心理享受，又能给他人以视觉上的美感，使人赏心悦目。追求外在的形貌美是女人的本能天性，不应加以禁锢和压抑，而应该从美学上进行积极引导。

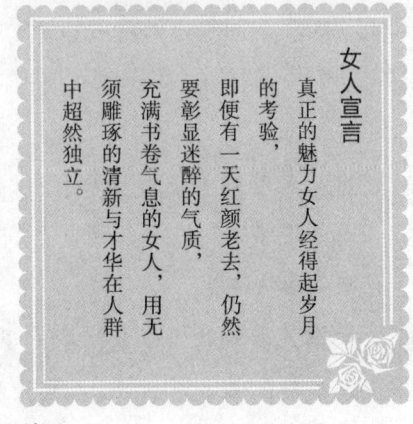

女人宣言

真正的魅力女人经得起岁月的考验，即便有一天红颜老去，仍然要彰显迷醉的气质，充满书卷气息的女人，用无须雕琢的清新与才华在人群中超然独立。

内在的心灵美可以给人留下难以磨灭的印象，能引起人内心深处的激动，在人心灵上打下深刻的烙印。内在美操纵、驾驭着外在美，是女人美丽的"源泉"。所以，内在美比外在美更具有无可比拟的深度与广度。

化妆是女人们津津乐道并乐此不疲的千古话题。有人说，没有丑女人，只有懒女人，认为只要化妆得宜，勤于化妆、精于化妆、按照自己的特点化妆，再丑的女人都能变漂亮。即使算不得美女，至少也比本来面目好得多。女人的爱美之心无可厚非，但外表的化妆只是最低层面。一个出口成脏、粗俗不堪的女人，就算化着精致的妆容，穿着高档的衣服，拎着昂贵的限量版皮包，也会让人生出厌恶之情。

著名作家林清玄就曾在《生命的化妆》一书中写道，女人的化妆有三个层次，最高的层次是让自己变得博学多识、品位高雅。而做到上述要求，唯一的途径就是多读书、多思考，用积极乐观的心态生活。

"一本新书就像一艘船，带领着我们从狭隘的地方，驶向生活无限广阔的海洋。"这是美国女作家海伦·凯勒说过的话。书的世界是广阔无垠的，书会充实我们的内心，让女人不再是花瓶，一个爱读书的女人，即使她貌不惊人，但是，无论走到哪里都是一道独特的美丽风景，因为优雅的谈吐、脱俗的气质，足以让人迷醉。

琳达是那种干练好强的女人，在一家大型的对外贸易公司做经理助理，她并不漂亮，但是，她却是公司里最受欢迎的气质女王，于是，很多女同事都向她取经。

她微笑着从她的手袋里拿出了两样东西——化妆品和叔本华的哲学书。大家都很惊奇，一个女人随身携带化妆品和时尚杂志不奇怪，带着一本哲学书就让人迷惑不解了。

琳达看着同事们迷惑不解的眼神，优雅地一笑，淡淡地说："时尚杂志只教会了我如何穿衣装扮，而叔本华教会了我如何装扮自己的心灵，看到生活的真谛，一个女人的魅力不在脸蛋，而在于她的内涵。"

罗曼·罗兰说："书让女人变得聪慧，变得坚韧，变得成熟。使女人懂得包装外表固然重要，而更重要的是心灵的滋润。和书籍生活在一起，永远不会叹息。"

读书、爱书，并在书中品味生活的女人，一定怀揣着一个梦想，即使她平凡得只是一棵小草，她仍能创造自己的芳菲和生活的乐园。自己的天空永远有蓝天白云、鸟语花香，因为她们心中有永不失去的梦想。

爱读书的女人在做事的时候会思考，会有更多的灵感和创意，在遇到难题时会想很多解决的办法；会用最快的速度抓住事情的要害，在一团乱麻中找到头绪，然后运用智慧解决问题。

爱读书的女人会使生活情趣高尚，很少持续地去叹息、忧郁或无望地孤独、惆怅。好的书籍是一面镜子，从这面镜子里你会重新认识自己，使她们懂得与其停在那忧郁的事里，不如把这忧郁的时间和精力用来读书，使自己从"忧郁"的境遇中解脱出来，不怨环境，也无须艳羡别人。

爱读书的女人，她的眼睛更容易发现美的所在，是书提高了她们看待生活的境界，让她们的心灵和生活都变得充实起来；爱读书的女人，书是她们经久耐用的时装和化妆品，普通的装扮，简简单单，但浑身流溢的却是书香。诚实、淳朴、善良的品性，聪明、活泼、沉静的气质，那是书籍的陶冶。

爱读书的女人，静得凝重，动得优雅；坐得端庄，行得洒脱，举手投足之间自有一股韵味，是一眼就能从人群中分辨出来的。书籍的熏陶使女人宛如山谷中的百合花，吸收着天地之间的精华，开出洁白动人的花，散发出诱人的清香。她们的美不但不会随着时间的流逝而消退，反而会随着岁月的流逝而沉淀出永不褪色的美丽。常伴书香的女人，就像一块玲珑剔透的美玉，是男人愿意珍藏胸口，小心呵护的挚爱。

高尔基说"学问改变气质"。的确，

闺中密语

女人要想拥有永恒的美和宁静的心，那就要学会常伴书香，在钢筋水泥的现代都市里，给自己开辟一个属于自己的心灵港湾，这是属于我们自己的世界，也是我们爱自己的表现。想要成为一个有魅力的女人，就要不断地丰富自己，不能让自己只顾肤浅地用化妆品和时装来装扮自己，真正的美是再贵的时装也装扮不出来的。

书是洗涤人们心灵的良药，在这优美的文字中，女人能够修身养性、净化心灵，淡泊世俗与虚荣。让自己平静地在人世间行走。读书是气质、精神永葆青春的源泉。读书又是不分年龄界限的，年年岁岁都是女人读书的芳龄，让我们从现在开始也不迟。读书的女人，永远是一份不过时的美丽。

第八章 良好修养是女人永恒的气场源

　　良好的修养是女人气质的内在动力,一个有修养的女人,坐立行走、举手投足、喜怒哀乐都会散发出优雅的气质,这也是其内在文化素质的外在表现。修养是一种人生体验到极致的感悟,是人生感悟极致的平静,那是一种更为简单纯净的心态。一个有修养的女人静若幽兰,芬芳四溢,有修养的女人不会随着岁月流逝而渐失光泽,而会越发耀眼迷人。

1. 好的修养是你的招牌

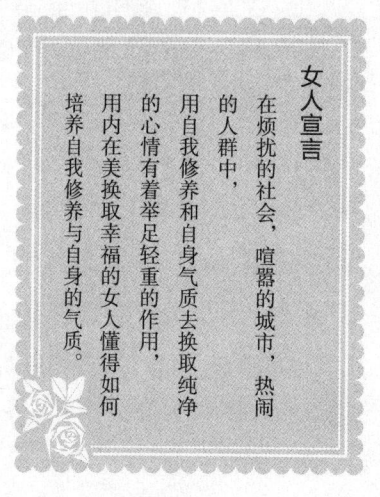

女人宣言

在烦扰的社会，喧嚣的城市，热闹的人群中，用自我修养和自身气质去换取纯净的心情有着举足轻重的作用，用内在美换取幸福的女人懂得如何培养自我修养与自身的气质。

18世纪末，政治家、思想家勃克曾说过："修养比法律还重要……它们依着自己的性能，或推动道德，或促成道德，或完全毁灭道德。"对于女人来说，良好的修养既是女人的招牌，也是女人的未来。

拥有良好修养的女人就如同涓涓小溪细细流淌着，有小溪的地方就滋润了土壤。有修养的女人就如同小溪一样，用纯净的心态去对待万物、包容万物。面对纠纷和矛盾的时候，有修养的女人都会展现出宽容的一面，用广博的心胸默默包容，化干戈为玉帛，从而将品质的光辉转化为影响力和凝聚力。就是这样，有修养的女人在职场和生活中令自己处于不败之地，因为她豪放的情操、广阔的胸襟实现方寸间的完美境界。身为一名女人，用良好的修养作为自己的底色，无论身处温室还是僻壤都会游刃有余地面对一切，尽显生命之华彩，享受幸福的未来。

修养和气质不是一朝一夕或者改变外观容貌就可以成就的，它既不是时尚漂亮,也不是物质代表的方式,它是一种纯粹用细节衬托出来的点点滴滴,就是点滴间培养而成的修养和气质才能够陪伴女人一生一世,是不会随着岁月的流逝而散失的女人香。

一个阳光明媚的午后,两个少妇带着各自的孩子在小区里玩耍。调皮是小孩子的天性,两个小家伙东摸摸,西碰碰,对什么都是那样地好奇。

"不许摘花!"一句呵斥声吓得两个孩子哇哇大哭起来,原来两个母亲只顾着聊天,注意力没有在孩子身上,两个小家伙看着花园中的鲜花开得正艳,就一朵接着一朵摘了下来,呵斥声正是看花老人吼出来的,看花老人本来是想阻止孩子继续摘花,没想到由于嗓门太大吓到了孩子,一脸愧疚地向孩子家长道歉。

看到受惊吓的孩子哇哇大哭,当妈妈的心里很是心疼,但是两个妈妈的做法却大相径庭。一个妈妈一边安慰孩子,一边向看花人连声道歉,承认孩子摘花是大人的过错。另一个妈妈抱起孩子就对看花老人破口大骂,恶语相加。这个时候很多人都看不过去了,纷纷指责对老人破口大骂的少妇说:"看花老人是尽他的职责,虽然方式欠妥,可是老人已经道歉了,你怎么还能去骂老人呢?你看看那个年轻的妈妈,她多有涵养。"

听到周围人群的议论,对老人恶语相加的女人抱着孩子悻悻地离开了。

女人的修养就是从点滴小事中显露出来的,让修养这种内在品质潜移默化地指引着女人的言行举止。故事中得理不饶人的少妇粗鲁的行为已经让她的形象大打折扣。而另外一个肯于承认自己错误的少妇,其善待他人的做法体现出对别人的尊重,其实尊重别人也就等于尊重自己,有修养的女人总会像花朵一样芳香四溢。

都说有修养的女人才是美丽的女人,什么是修养?修养是文明规范,是文明社会的道德基石。良好的修养有助于女人获得社会的认可和幸福的生活，有助于人与人之间创造积极和谐的社会关系，也有利于表现女人良好的公共形象。修养的基础是理解和尊重他人，同时不妨碍他人。修养也是良好的社会规范的表现，不是随心所欲，更不是唯我独尊。

真正的修养不是做给别人看的，而是发自内心的，不是有人看到你时才会做，没人看到你就不做。真正的修养源自一颗热爱自己和热爱他人的心灵。中国有句古话叫"己所不欲，勿施于人"，或许是对"修养"的最好阐释。修养与习惯紧密相连，良好的习惯久而久之会成为一种自觉的行动，内化为修养。要做到有修养，应该从培养良好的习性开始。和有修养的人一起共事和生活，你会觉得和谐和愉悦，常常还会得到人性的升华和感动。那是一种长久融于一身的生活品位和习性，一种源自内心的需求和表达。

有修养的女人如同春天的阳光一样和煦暖人，照亮未来。一个女人可以不漂亮，但是不可以没有修养。有修养的女人随着岁月的流逝、生活的历练沉淀下来，拥有爱心，并且善于表达爱心。这类女人的爱心就像阳光一样明媚可人，阳光普照的地方会让人豁然开朗、神清气爽。

有修养的女人拥有广阔的胸怀和博爱的内心，修养就如同山间那欢乐的百灵鸟，因为清脆地鸣叫，寂寥的山谷才回荡起美妙的声音；而拥有修养的女人就像山坡中朵朵盛开的杜鹃花，因为美丽的点缀，绿草成茵的山坡才充满绚丽的色彩。

有修养的女人是令人尊敬的、让人愉悦的，使人感到如沐春风。有修养的女人说话有分寸，对人不尖酸刻薄，不会占小便宜。有修养的女人在公众场合端庄大方、不做作、举止不轻浮，有爱心并善于表达情感，常常赞美祝福他人，而不是忌妒他人。和有修养的女人共处，就像有潺潺溪水流过，让周遭的人们被浸润。

女人需要修养，因为修养不但能够彰显出女人的本性，还能将女人身上的闪光点淋漓尽致地展现出来。除此以外，只有有修养的女性才懂生活、会生活，明白未来的道路在哪里、该怎样走。她可以用良好的修养铲平人生旅途的荆棘，垫平生活道路上的坑洼，向着幸福的曙光大步前行。

修养是善待他人、善待自己。做一个有修养的人，认真地关注他人，真诚地倾听他人，真实地感受他人，你会发现尊重别人就是尊重你自己。有修养的女人光明磊落、正气凛然，与人为善，不与人争。修养有助我们达到从容淡定的人生境界，给予我们心田最彻底的滋润。

2．女人要提升自己的气质与内涵

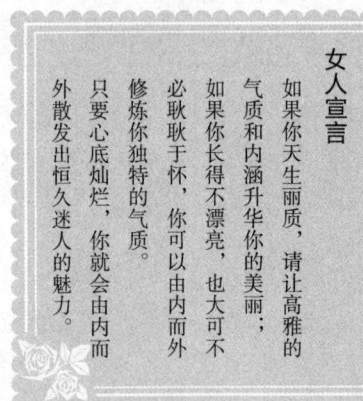

女人宣言

如果你天生丽质，请让高雅的气质和内涵升华你的美丽；如果你长得不漂亮，也大可不必耿耿于怀，你可以由内而外修炼你独特的气质。

只要心底灿烂，你就会由内而外散发出恒久迷人的魅力。

容貌的美丽出于天然，而气质却需要经过后天培养方能形成。许多不美丽的女人因为自身独特的气质，总能在熙熙攘攘的人群中卓然挺立。

气质是指人相对稳定的个性特征、风格以及气度。性格开朗、潇洒大方的人，往往表现出一种聪慧的气质；性格内向、温文尔雅的人，多显露出高洁的气质；性格爽直、风格豪放的人，气质多表现为粗犷；性格温和、秀丽端庄的人，气质则表现为恬静。无论聪慧、高洁，还是粗犷、恬静，都是一种气质美。

有内涵的女人通常都被人称作气质美女，时光可以扫去女人青春的容颜，却扫不去由气质焕发出来的美丽，这份真正的美丽就是女人的内涵、修养和智慧。

拥有内涵的女人才是一个有气质的女人，不断丰富的内涵和修养可以提高女人的智慧，使女人焕发出迷人的风采。有内涵的气质美女是秀外慧中的女人，是动静皆宜的女人，这些都将成为女人一生之中取之不尽、用之不竭的巨大财富。

气质女人的内涵体现在工作中，女人想要独立自强必须要工作。有内涵的职业女性有着让周围人不可抗拒的力量，而就是这股不可抗拒的力量往往能成就女性在工作中的气质。有内涵的女人在职场中永远不会因为某件事情而大发雷霆，也不会因为某个人不经意的话语而牢记在心。气质让女人在为人处世中都显示出风度和得当的行为，并且用内在品质树立自己的信心和亲和力。

气质女人的内涵也体现在生活中。气质和内涵是历练出来的。简单地说，一个女人在生活中所体现出的修养和对待生活的态度是个人气质和内涵的外在体现。胸无点墨的女人任凭其用华丽和奢侈的物质如何包装，生活中的细节依然能够出卖她，暴露出其肤浅的本性。

高太太和陈太太同住在一个别墅区，高太太是专职作家从事文学创作，陈太太是家庭主妇，丈夫庞大的生意网络让她衣食无忧。

同是物质丰足的女人，两个人却有着本质的区别。高太太在生活中注重精神上的享受，而陈太太却将目光投向物质上的满足。一天，两个女人不期而遇，只见高太太素面朝天，一身休闲装扮，除了结婚戒指是唯一的饰品外再无其他。环顾陈太太上下，周身珠光宝气，身着昂贵的服装，浓妆艳抹，几只超大的戒指闪着耀眼的光。

陈太太看到"寒酸"的高太太，自然有一分自豪感涌上心头，不禁向高太太炫耀道："我老公就是疼我，这只钻戒是他从南非带来的。"说完，立即将肥硕的大手伸到高太太面前。面对炫富的陈太太，高太太忍俊不禁，莞尔笑着附和道："是的，很漂亮。"之后，两个人相互道别离开。

不久，在陈太太与小区朋友闲谈中得知高太太唯一的结婚戒指是祖传家宝，属于稀世珍品，价值自然不可估量。听到这个消息后的陈太太目瞪口呆，说："我向她炫耀钻戒的时候她为什么不告诉我呢？"

小区朋友听后哈哈大笑，说："这就是你和她的区别。高太太身为作家从来不注重物质上的东西，她追求更多的是生活本质，在她的眼里，价格不菲的饰品根本比不过纯真自在的生活状态，她的气质和内涵是你我这种平庸女人永远也达不到的。"

听到朋友的解释后，陈太太羞愧地低下了头。她终于明白女人的气质和内涵在生活中占有主导作用，堪称生活的灵魂和引路灯。陈太太自言自语道："看来要想在生活上得到真正的满足，仅仅拥有物质财富是不够的，更多的是要靠自己的气质和内涵去打造。"

气质是女人魅力的源泉，就如同一座山上有了水就立刻显现出灵气一样，一个女人只要插上了气质的翅膀，就会立刻神采飞扬、明眸顾盼、楚楚动人起来。

有人曾说过："气质与修养不是名人的专利，它是属于每一个人的。气质与修养也不是和金钱、权势联系在一起的，无论你从事何种职业、任何年龄，哪怕你是这个社会中最普通的一员，你也可以有你独特的气质与修养。"所以，气质对每一个女人都是公平的，每一个女人都能够得到气质精灵的宠爱，每一个女人都有机会展现自己独特的魅力。

女人在生活实践等后天影响和自我培养下，将内涵和气质在处理问题、人与人交往的过程中显示出来，并且表现出个人对幸福的追求程度。女人身上的气质和内

天赋的容颜是一道最容易消失的风景，无情的岁月在夺走女人那面如桃花的容貌的同时，也会在那张曾经漂亮的脸上烙下岁月的痕迹，而存留下来的正是生命中最本质的内容气质。极致的女人除了美貌还要有素养和内涵，内在的素养和内涵使女人不会改变气场源，并且它能够随着年龄的增长而沉淀精华、去其糟粕。

涵决定着个人活动的价值和成就的高低。气质和内涵看似无形，实为有形，它通过女人对待生活的态度、个性特征、言行举止等表现出来。气质和内涵的外化体现在女人的举手投足之间，热情而不轻浮，大方而不傲慢，得体而不过分。正是气质和内涵的存在才为女人增添了美丽，成就生活的动力，令不可知的未来在女人眼前展现出完美的画卷。

3. 微笑是最动人的表情

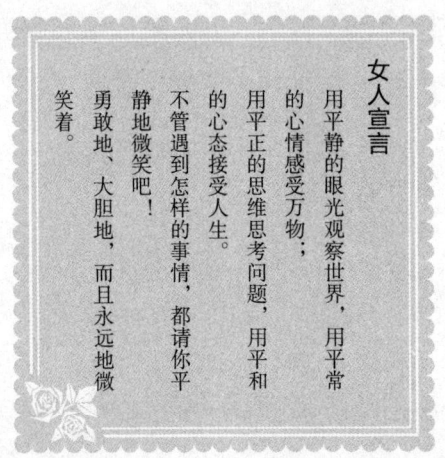

女人宣言

用平静的眼光观察世界，用平常的心情感受万物；用平正的思维思考问题，用平和的心态接受人生。不管遇到怎样的事情，都请你平静地微笑吧！勇敢地、大胆地，而且永远地笑着。

古龙的著作里有一句妙语：笑得甜的女人，将来命运都不会太坏。确实如此，幸福的女人绝对不会拉长了脸度日，带着甜美微笑的女人，往往生活得都很快乐。

可是，在我们这个社会里，真正会微笑，真正懂得笑脸的重要性的女人又有多少呢？

会微笑的女人都拥有良好心境，心地平和，心情愉快；会微笑的女人都会善待人生、乐观处世，她们的心底充满了阳光；会微笑的女人拥有强大的自信，她们对自己的魅力和能力抱积极和肯定的态度；会微笑的女人内心都流露出真诚与友善、坦荡与善良。用微笑做招牌，你就是这个世界上最美好的女人，这是因为你的微笑是会说话的。

许慧是一名普通的职业女性。她与众不同的地方是有一面十分精致的小镜子。每当午休的时候，她都拿出来照一照。而且她常常独自一个人对着小镜子微笑。

原来，她在三年前得了乳腺癌，丈夫在她刚做完切除手术后，就和她离婚了。她带着只有5岁的女儿生活，整天垂头丧气的，常常泪流不止。很长一段时间，她都打不起精神。她说，那时感觉天空都是灰色的。有一天，她站在镜子前，看到镜子里映着一张陌生的脸：那张苍白的脸没有一丝血色，眼神也变得呆板而茫然。她当时就吓了一跳，自己原来那张年轻、俊美的脸到哪里去了？她努力对着镜子笑了笑，才稍稍感觉自己有了一丝生机。她接着又笑了笑，顿时变得神采奕奕。她的心情也随之振奋了一下。她暗自对自己说："无论发生什么事情，我都要坚强、快乐地活下去。"

她于是常常对镜子里的自己微笑。此外，她用业余时间搞创作，发表了许多文学作品，也收到了大量的读者来信。她活得越来越充实，工作也做得越来越出色。她和周围的人相处得很融洽，因为她常常对人们友善地微笑，人们也同样回报她以微笑。

许慧用她的亲身经历告诉我们：懂得对自己微笑的人，她们的心灵天空将随之晴朗；懂得对生活微笑的人，将会拥有美丽人生。

很多事实证明，一个女性，不论身处何种困境，不论心里有多么的不高兴、受了多大的委屈，甚至在别人对她提出苛刻的要求时，如果她始终能够做到面带微笑，她就一定能赢得理解、同情和尊重。她的人缘关系会特别好，周围的人都会特别关心她，她有什么困难时，大家也都会伸出友情之手。

因此，聪明的你，一定要善于利用笑脸为自己加分。

（1）微笑是一种自尊、自爱、自信的表示

笑是世界共通的语言。世界上不管哪一个人种、民族，每当人们心情愉快时，总会喜形于色。这时候，笑是内心喜悦形诸于外的一种方式。微笑是人类面孔上最动人的一种表情,是社会生活中美好而无声的语言,它来源于心地的善良、宽容和无私,表现的是一种坦荡和大度。微笑是成功者的自信,是失败者的坚强。

(2)微笑是一种放松和坦然的表示

对待别人,我们该多一些真诚和善。你的冷面、他的冷面、所有人的冷面,容易构成陌生的人际环境,制约着心灵的沟通和交流。而我们学会了微笑,你的笑脸、他的笑脸、所有人的笑脸,那么相互之间是放松和坦然的感觉,此时,你的内心不会紧张不安,心里也变得轻松而愉快,在所处的环境里感受到的不再是无情冰冷,而是融洽和温暖。

(3)笑是一种善意的表示

经常微笑的女性,不用说话也很吸引人,别人见到她就会有愉快的感觉。人之相交,贵在知心,并非以巧言相欺,而微笑是最能表白心迹的,它表示:"我对你有好感,和你在一起我很开心。"当你和多年不见的朋友相遇时,在互相趋近、热烈握手之前,老远就可以见到你的笑靥,那么对方体会到的就是浓浓的温情。

可以说,微笑是人际关系的黏合剂,也是化敌为友的一剂良方。微笑是对别人的尊重,也是对爱心和诚心的一种礼赞。学会微笑,你也就学会了怎样在人与人之间架起一座友谊之桥,掌握了一把开启陌生人心扉的金钥匙。

但你千万不要认为,脸上只要持续保持微笑就会给人留下好的印象。持续的微笑就好像是戴了一个假面具,显得夸张而不真实。有些女性有一种习惯,当去到一个不熟悉的地方时,脸上就会不自觉地露出一种僵硬的笑容,仿佛是想借此告诉别人:我是友好而和善的,请不要捉弄我。这其实是表示了她心里的不踏实和紧张不安。

同时,有些女性为了怕脸上生长皱纹,认为少笑和面部肌肉尽量少动就能避免皱纹,因此总是绷着脸,面部表情几乎没有什么变化。其实这完全是一种误解。随着年龄的增长，皱纹或迟或早总会出现的，这是不以人的意志为转移的。但呆板的表情现在就会让你显得苍老。相反，面部表情生动活泼的人，虽然眼睛下面已有了笑纹，但看上去仍然是个快乐而迷人的女人。

　　值得一提的是，勉勉强强装出来的病态的笑或虚假的敷衍应酬式的笑，与从内心发出的恬静的微笑是截然不同的。那种出卖人格的卑躬屈膝、献媚讨好的笑，那种旧式商人为顾客挤出来的僵直的笑，都是不足取的。

　　把自己摆在压抑本性的卑屈地位，毫无意义地对别人笑，只会被人反感和轻视。试想一个这样的场景：在餐厅吃饭时，坐在你对面的是你的一位朋友，你对他微微一笑，他可能会觉得你非常欢迎他与你共同进餐。但是当你面前坐的是一位陌生人时，你吃一口饭对他笑笑，吃一口饭，抬头看见他，又笑笑，这样一次两次可以，如果次数多了，就会让对方心里发毛：这个人是不是有问题？

　　微笑虽然是一种简单的表情，但要真正成功地运用，除了要注意口型外，还须注意面部其他各部位的相互配合。一个人在微笑时，目光应当柔和发亮，双眼略为睁大，眉头自然舒展，眉心微微向上扬起，真诚微笑应该做到笑到、口到、眼到、心到、意到、神到、情到。当你的面部流露出真诚的微笑，这对提升你的魅力是最好不过了。

女人的笑是最美的，可以胜过一切有色彩的东西。如果你想在今天为明天的魅力做点什么的话，那么从今天开始，努力训练自己微笑面对周围的一切，把微笑时刻挂在脸上吧，让世界多一份温柔的美丽。

4. 培养温文尔雅的谈吐

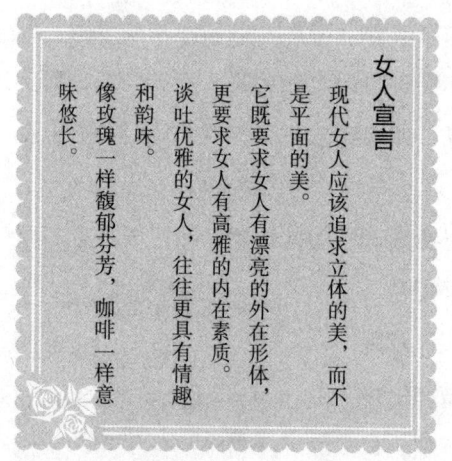

女人宣言

现代女人应该追求立体的美，而不是平面的美。

它既要求女人有漂亮的外在形体，更要求女人有高雅的内在素质。

谈吐优雅的女人，往往更具有情趣和韵味。

像玫瑰一样馥郁芬芳，咖啡一样意味悠长。

美国哈佛大学前任校长伊立特说过："一个有教养的人，其谈吐也是优美而文雅的。"善于说话的人，不但能使不相识的人见了他后留下好印象，并且能广结人缘，处处受欢迎。

许多人说话的本领不很高明，是因为他们不曾把说话当作一门艺术，不曾在这门艺术上下过功夫。他们不肯多读书，不肯多思考。他们说话，宁肯随便用粗俗的语句，也不肯"三思"而后言，将自己的意思用文雅、优美的语言表达出来。

优雅的谈吐体现出一个人的成长环境，影响着一个人人格的形成。只要听一下某个人说的话，就可以大致推断出她的身份。也就是说，无论你把自己装扮成什么样子，固有的语言都难以和外表保持一致。你的谈吐会将你一切内在的隐秘都表现出来，会将你的真面目揭示给别人。可以说，你的言语谈吐向世界宣告了你是一个什么样的人。

如同眼睛是心灵的窗户一样，一个人的言语谈吐也是心灵的流露，是文化素养和思想修养的外在表现。

培养优雅的谈吐对于女人来说至关重要，因为优雅的谈吐不仅是女人开展社交的窗口，更是一个高素质女人必备的修养之一。那么，如何在与人沟通中处处体现着你的优雅呢？

（1）态度一定要真诚

真诚的态度是交谈的基础。谁都希望别人尊重自己，但自己首先得尊重别人。有研究表明，人体各种感官对刺激的感觉程度不一，视觉占87%，听觉占3.57%，态度主要是给对方留下视觉和听觉效果。

在交谈中，谈话态度应该是真挚、平易、热情、稳重的。彼此的信任会使交谈进行得很愉快，双方袒露心扉，增进情感交流，赢得别人对你的好感和支持。如果虚伪做作、华而不实或轻慢无礼、语气生硬，那么对方就不乐意同你交流。真诚，就是要做到不言过其实、油腔滑调，更不能用恶语中伤别人。

（2）交谈要恰到好处

交谈除了传递信息，交流情感，本身就是展示交谈双方的知识、修养、口才和风度。由于缺乏自信而造成态度猥琐，语言模棱两可，说话结结巴巴，这样的女人肯定是人际交往中的失败者。会说话的女人不会由于缺乏自信而使交谈搁浅，因为她知道，每一次交流都是个性的展现。

（3）切记口不择言

每个女人由于其经历、所受教育、家庭、兴趣、性格等不同，由此带来其谈话的领域、内容、"兴奋点"的差异，这是社会的现实，也正是这种差异，才有了五光十色的社会。因此，在与不同性格、不同行业、不同熟悉程度的人交谈时，就要察言观色，选择语言，甚至转换话题。

有智慧的女人在交谈时不仅要见什么人说什么话，还要因地、因情而异，这也就是常说的"到什么山上唱什么歌"。例如，在学校谈论一下春游计划或者学习体会，在车站等公共场所聊一聊天气情况、新闻报道、体育赛事、文艺演出等。

（4）彬彬有礼，尊重他人

聪明的女人对他人应该讲究礼节，要像绅士那样彬彬有礼、温和有风度。在办公室中禁止使用俗语、流行语以及亲近而不严肃的话语。新员工由于处在下级的地位，无论对谁都要注意用尊敬的语气说话。

闺中密语

语言是思想的外衣，谈吐是行动的羽翼。一个女人的谈吐可以表现一个人的高雅，也可以表现一个人的粗俗。言谈高雅的女人必定稳重成熟，言谈轻浮的女人则让人觉得肤浅。如果你想成为一个受欢迎的女人，首先要培养温文尔雅的谈吐，让语言时刻彰显自己的仪表和风度。

5．懂得运用幽默的力量

女人的幽默在男女交往中非常重要。与他一块儿畅所欲言，开怀大笑，往往能够带来意想不到的惊喜。但是，并非每一位女性都能深悟幽默的魅力，在爱情中还不懂得如何为自己制造一丝幽默。作为女性的你，在爱情里懂得运用幽默的力量吗？

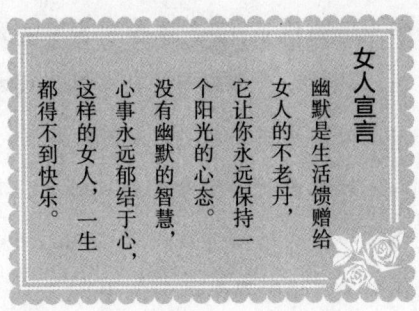

女人宣言

幽默是生活馈赠给女人的不老丹，它让你永远保持一个阳光的心态。没有幽默的智慧，心事永远郁结于心，这样的女人，一生都得不到快乐。

当然，我们既然说幽默，就必须首先明白幽默是什么。

可以说，幽默是思想、学识、智慧和灵感在语言运用中的结晶，是一瞬间闪现的光彩夺目的火花；是具有智慧、教养和道德优越感的表现。幽默表面上滑稽，形式上逗笑，实则教我们要把本来让人感到乏味或悲伤的人生场面，转化为充满乐趣与欢笑的喜剧现场。同时，幽默还要求我们以严肃的态度对待对象、现象和整个世界。因此，每一位气质美女都应该要懂得如何欣赏幽默并运用幽默，给爱情生活"加点料"。

比如，有一位漂亮女性，以前每当她和丈夫发生争执时，她都会朝丈夫做一个鬼脸。两人便忍不住笑弯了腰。他们俩随后都意识到，为一点小事去争执是多么地愚蠢，他们俩便一起笑着，并从一种全新的角度来解决他们之间的冲突。

的确,幽默有稳定情绪、减低愤怒、"化险为夷"的功能。男女在相处中难免会爆发尖锐的冲突,此时,如果你插科打诨,运用几句妙趣横生的言辞,很可能化干戈为玉帛,使剑拔弩张成为过眼烟云,就不至于发生一场"针尖对麦芒"的交锋。

小曼是我的一个朋友,她是一个极爱浪漫的年轻女士,她花了将近一年时间,筹划她的婚礼。她和未婚夫把婚礼安排在一个非常漂亮的宴会厅举办,邀请了200多位客人参加这次豪华的婚礼。为了把婚礼办得非常完美,她对每一个细节,比如客人喝鸡尾酒时用什么纸巾这类琐事,都要亲自把关,并且要求不出任何差错。

婚礼进行得非常完美。但是,新婚丈夫在敬酒时,居然不小心把那块非常昂贵的结婚蛋糕打落在地,巧克力和奶油溅得满地都是,新婚丈夫站在那里,顿时不知道如何是好。

当时,所有的客人都料定小曼会大骂新婚的丈夫,或者失声痛哭。但是,让大家感到惊讶的是,小曼低头看看地上破碎的蛋糕,开始笑出声来。随后,她幽默地对他说道:"嗨,原来你是想送给我一个占这么大地方的蛋糕呀!"

幽默能激起愉悦感,活跃气氛,便于双方交流感情,并在笑声中拉近双方的心理距离,让人感觉你很有亲和力,愿意与你交往。我们常有这样的体会,在你和他谈话时,一席趣语,两人捧腹不止,不仅气氛和谐而轻松,而且深化了感情;在你和他外出游玩时,一句幽默,引出一阵嘻嘻哈哈,顿时倦意全消,鼓劲儿前行。

幽默的显著特点是通过轻松的形式表现智慧,显现出深刻的意义,在笑声中给人以启迪，产生意味深长的趣味。因此，当你的生活中充满了幽默后，你就会惊喜地发现，你的生活也随之变成了喜剧。

一个很温柔、很妩媚、很有智慧、善交际的女人，如果同时她也很幽默，会令与她相处的男人感到愉快，这样的女人无疑是最有吸引力的。因此，幽默为女人的魅力起到锦上添花的作用。那么，女人在日常生活中怎样培养自己的幽默感呢？

（1）要培养自己乐观的心态

保持乐观的心态，在遇到什么事情的时候，都要用积极的想法来面对。即使失败了，也要看到事情积极的一面，而不是一味地怨天怨地。

可以说，真正幽默的女人，其实是自信的人，不怕受人嘲笑，而且非常善于自嘲，这种自嘲实际上是建立在自信的基础之上。幽默的女人是智慧的，不仅可以显示你的聪明之处，同时也能感染男人，激起高昂情趣，缓解沉闷紧张的生活气氛。

（2）要多与人交往，多学习新的知识

幽默的女人，观察事物有自己的角度，不因循守旧，对事物有自己的看法且观点新颖，常常出语惊人。因此，在与人交流时，要多多学习，集思广益，丰富自己的词汇。一个人只有有了广博的知识才能天马行空。丰富的词汇有助于表达幽默的想法。如果词汇贫乏，语言的表现能力太差，那也无法达到幽默的效果。

同时，空闲时多看看幽默故事、机智故事、脑筋急转弯等，训练思维的敏捷性。

幽默的作用是显而易见的，但是像对待任何事物一样，幽默运用时要适度。过分幽默往往会使人产生古怪的感觉。如果你常常一味地说俏皮话，无限制地卖弄幽默，以幽默表现自己过分聪明和很有才华的样子，不一定就会引起男人的好感。

比如,你把一个笑话反复不断地讲来讲去,最初可能会引起他的兴趣,但讲得多了他就会认为你唠唠叨叨。比如,当男人正在聚精会神地研究问题时,如果你突然冒出一句全无干系的笑话,不但不会使人生笑,反而觉得你缺乏教养。因此,幽默要注意恰如其分,符合时宜的幽默才称得上智慧。

另外,不要将幽默与逗弄、取笑等恶语混淆。

逗弄、取笑固然可以逗人发笑,但是它们和幽默是截然不同的。幽默是智慧的结晶,恶语是无能的表现;幽默好似"维他命",恶语却是刺人剑。幽默能为人们酿出欢愉、快乐,恶语却给人们制造痛苦、气愤。幽默能使生活显得生气蓬勃,恶语却只能给人带来垃圾污垢。幽默引起的笑声,与无聊的滑稽打诨引起的发笑,是"两股道上跑的车",不可相提并论。

同时,在这"半开玩笑"中,很容易伤害对方的人格和自尊心。有时,宁可将自己作为取笑的对象,也不应该取笑男人,免得他自尊心受到伤害而感到窘迫。女人要能做到庄重而不冷漠,幽默而无谐谑,这里包含相当深的学问。

闺中密语

女人的语言可以像优美的歌曲,也可以像伤人的邪火。在生活中,幽默机智的话不仅能给人以喜悦满足之感,还能避免两人针锋相对的尴尬。在爱情中,女人适地适时地运用一下幽默,将会使你们的关系更加和谐、亲切,从而营造愉快的生活氛围。

6. 从容自信的女人最优雅

在"马家军"中，王军霞无疑是杰出的一位，她不仅破了世界纪录，还获得了世界田径最高荣誉——"欧文斯奖"。她出生于吉林省蛟河县的一户农家，虽瘦小多病，但从小好动。读小学四年级那年，父亲带领全家回到了故乡。这次跨省的搬迁成了她命运的转折点，一个极具长跑天赋的小姑娘开始走

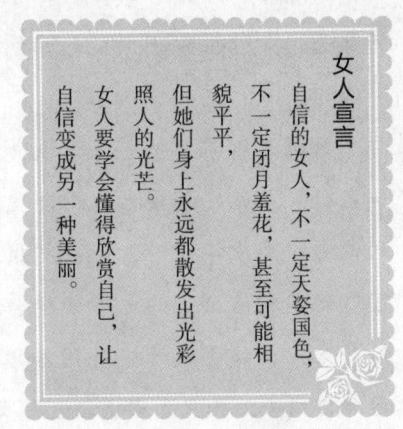

女人宣言

自信的女人，不一定天姿国色，不一定闭月羞花，甚至可能相貌平平，但她们身上永远都散发出光彩照人的光芒。女人要学会懂得欣赏自己，让自信变成另一种美丽。

上了长跑之路。在学校的运动会上，她一举夺得800米和1500米两项比赛的冠军。此后，她一步步走向长跑圣殿，最终成为马俊仁的得意门生，并为中国女子中长跑走向世界巅峰立下了汗马功劳。

在雅加达举行的第11届世界田径锦标赛上，成绩突出的王军霞被评为最佳运动员。在接受记者的采访时，她说："我喜欢长跑，喜欢赛场上那种激烈竞争的气氛，我对自己充满信心。在跑道上飞奔时，我会感到一种无法形容的快感，激励我继续前进。"

罗曼·罗兰曾经说过："一个缺乏自信心的女人永远不会有吸引别人的美。没有一种力量能比自信更能使女人显得美丽。"自信是女人的名片，

是女人的化妆品，是帮助男人于茫茫人海之中找到你的重要因素。再平凡无奇的女人，只有拥有自信，就能散发出迷人的魅力和韵味，吸引男人的目光。不仅如此，自信往往能让女人迸发出强大的能量，在事业的道路上越走越远。

张艺谋导演的原生态电影《一个都不能少》在国际舞台上一上映，就引起了巨大的反响，片中的女主角魏敏芝也一炮而红。但是很多人预测，这位新晋的"谋女郎"不会像巩俐、章子怡一样走上国际舞台，因为她既不漂亮，身材也不好，不适合做演员……果然不出所料，魏敏芝很快就销声匿迹了。

魏敏芝退缩了吗？不，她对着镜子里的自己说："我喜欢演戏，我一定行。"她发誓要在电影圈里混出名堂，向那些质疑她的人证明自己的能力。高中毕业时，她毅然报考了北京电影学院。遗憾的是，她失利了。她不相信自己的电影梦想会就此结束，经过深思熟虑，她决定报考编导专业，终于被西安外国语学院影视传媒学院录取。在校期间，她学习非常刻苦，并在夏威夷杨百翰大学教授、美籍华人陈尔岗的提议下远赴美国留学。

去美国前需要经过严格的考试，魏敏芝的英语很差，很多人都以为她会知难而退，但是她没有。经过两年的"攻坚战"，刻苦勤奋的魏敏芝最终在杨百翰大学组织的留学考试中脱颖而出，还获得了全额奖学金，可以免费入学。在杨百翰大学里，魏敏芝如鱼得水、异常活跃，她对自己说："我要在世界的高等学府证明自己的强悍！"

在担任校内电视台副导演的同时，魏敏芝还将校内的中国留学生组织起来，成立了首届中国同学会，并担任学生会主席一职。每隔一周，她都要放映一部中国电影，向全校师生展示中国文化的魅力。此外，她还加入了学校的合唱团，并担任副导演。由于表现突出，美国一家影视公司老板邀请她执导电影《母亲的心愿》。该影片不仅由她独立执导，还由她担任主演。凭借此片，魏敏芝受到了"科威特中国电影周"的邀请，成为首位在海湾地区亮相的中国演员，还获得了"科威特文委最高奖"……

每个细胞都冒着土气的魏敏芝不见了，展现在世人面前的是一颗耀眼的明星。这一切，无疑都得益于她的自信。没有漂亮的脸蛋没关系，没有优美的身段没关系，只要有自信，就是最美丽的。

自信对于女人心灵发展的成熟以及事业发展的成功都具有极为重要的意义。美国一位著名心理学家就曾说过："人对成功的渴求就是去创造和拥有财富的源泉。一个人一旦拥有了这种愿望，并且能够不断对自己进行心理暗示，从而用潜意识激发出一种自信的话，那么这种信心就可以转化为一种非常积极的动力。事实上，正是这种动力促使人们释放出无穷的智慧和能量，从而帮助人们在各个方面取得成功。"作家威尔逊说："一个人有自信，然后全力以赴，任何事情十有八九都能成功。"一位名人说："一个人具有伟大的理想，还要有坚定的信心，再实施不懈的努力，才能有惊人的成就。"

人，只有自信，才能点燃对生活的激情；只有自信，才能拥有更多的快乐；只有自信，才能取得更大的成功。对男人来说，自信让女人平庸的面孔显得光彩照人，让人忍不住心生爱慕。自信的女人，能让男人感觉到更大的满足感，可以放心地和她交往下去。相反，不自信的女人整天患得患失，恨不得一天24个小时守在男人身边。然而，很少有男人喜欢被女人黏着，失去自由的感觉会让他们忍不住想逃。

但是，自信并不等同于强悍，自信的女人和"母老虎"存在天壤之别。自信的女人不光在待人接物方面显得落落大方、坦率真诚、独立自我，而且也懂得适时在男人面前示弱，不留痕迹地表现女人的温柔乖巧，在充分满足男人征服欲的同时，也让男人无法抗拒自己的魅力。要给男人一种若即若离的感觉，既要让男人渴望接近，又不能让男人很容易得手。这样说或许会让你觉得很茫然，不知道如何下手，其实简单说来就是"欲擒故纵"。当然，前提是你要把握好尺度。

男人眼中的自信女人，不是矫揉造作，故意摆出一副高高在上的姿态的女人，那样只会让男人觉得很假，失去兴趣。你只要保持平和的心态，随意地迈开步子就行了。更重要的是，不管什么时候，你都要在心里告诉自己你就是男人心目中最理想的人。为此，你得努力为自己增加一些砝码，比如过人的智慧、丰富的学识、良好的文化修养和成功的事业。

形容女人好的词语有很多，比如漂亮、优雅、有气质、有内涵等，女人的好似乎没有一个简单的统一标准，可是却有一个词可以将女人的所有美好囊括其中，这个词就是自信。自信的女人始终保持上进的状态。她不会永远甘心做男人背后的女人，她的天地也不仅仅只在家中的厨房里，她会不断地丰富自己，做到自我实现，在社会上找到属于自己的位置，让男人在仰慕她的同时，又产生一点敬畏。

第九章 内心充实是幸福一生的资本

女人的美在于岁月的沉淀,在于时光的雕琢,内心充实的女人,无论在什么时间、什么地方,永远是一道鲜活、不褪色的线条。做一个内心充实完善的女人,让内涵和强大的内心成为自己的驱动力和坚实的后盾,这样才能在奋斗幸福的旅途中无所畏惧,勇往直前。

1. 幸福来自于内心的丰富充盈

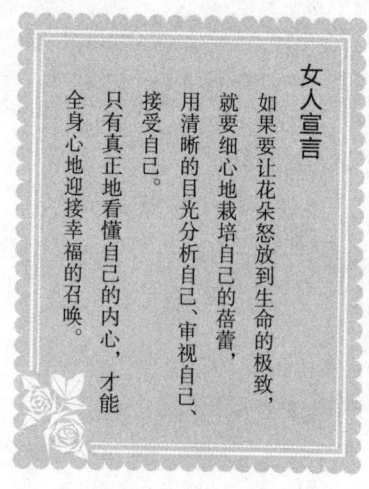

女人宣言

如果要让花朵怒放到生命的极致，就要细心地栽培自己的蓓蕾，用清晰的目光分析自己、审视自己、接受自己。

只有真正地看懂自己的内心，才能全身心地迎接幸福的召唤。

幸福是一个美好的名词，但是幸福是什么样的呢？有人说："我不幸福，因为我没有钱，有了钱我就幸福了。"有人说："我不幸福，因为我没有权，有了权我就幸福了。"有人说："我不幸福，因为我没有名，有了名我就幸福了。"有钱可以下馆子、买房子、买车子……有权可以让人服从、听话，可以指挥别人，但有钱有权并不等于幸福；有名可能得到尊敬、崇拜、羡慕，但这也不等于幸福。

物的享受、权的力量、名的荣誉只能使人产生一定的满足感，即使这就叫作"幸福"，那也只是一种短暂的感受，因为贪欲是无法满足的。

每一个女人都渴望自己是一颗熠熠闪光的珍珠，时刻被幸福的蚌壳包裹着，但是得到幸福的女人都懂得幸福不会招之即来，而是要靠自己去争取。王安石曾写下诗句："不畏浮云遮望眼，只缘身在最高层。"苏轼也曾在《题西林壁》中写道："不识庐山真面目，只缘身在此山中。"只有站得高，才能望得远，想要得到幸福的女人亦是如此：看到幸福，你需要站得更高。

真正的幸福来自于内心，不能以金钱、权力、荣耀以及征服来衡量。如果以强迫等非法手段获取或误用，乃至于执着发展变化着的事物，它们就会成为占有者痛苦和悲伤的根源。

恰如其分地认识自己，净化自己的心灵，不为贪、嗔、痴所蒙蔽，才有可能离苦得乐，获得内心的幸福。

卡丝·黛莉是一个出租车司机的女儿，她从小就梦想当一名歌星。不幸的是她长了一张阔嘴和一口龅牙。第一次公开演唱的时候，为了显得有魅力，她一直竭力用上唇盖住自己的龅牙，看起来相当滑稽可笑。

"你的嗓音和你的相貌同样不漂亮，我看你很难在歌坛有所发展。"这是评委对她的评价。她彻底地失败了。

但是有个人听了她的演唱之后，认为她很有天赋，并且坦率地告诉她："我看了你的表演，知道你想掩饰什么，你不喜欢你那口牙齿。其实这又有什么呢？龅牙并没有过错，为什么要掩饰呢？张开你的嘴，只要你自己不引以为耻，观众就会喜欢你的。何况这牙齿说不定会带给你好运呢！"

卡丝·黛莉接受了这个人的建议，不再去想自己的牙齿，她决定用学习来充实自己，用优美的歌声来掩饰自己的不足。并且，她演出时不再关心自己的牙齿，关心的只有观众，开怀尽情地演唱，最后她终于成为一位著名的歌星。

卡丝·黛莉的经历告诉我们，幸福和成功其实十分接近自己，之所以你没感觉到，是因为你一直没有关注自己的内在宝藏，没有找到幸福的所在。身为女人，想要得到幸福必须关注自己的内心，用心去感受所追求的幸福，用内在的能力去获得幸福。此时，你会发现，你原本感受到的不幸只不过是自己一直纠结于眼前的事物，没有放远眼光去想到自己的未来。

女人想要得到幸福其实是一种使人心情舒畅的境遇和生活，所表现的既是一种外在状态，也是一种内在品质。幸福的状态很容易失去，如同一个孩子得到一件新玩具般欢呼雀跃，可是随着时间的推移，孩子对这件玩具逐渐失去兴趣，这种幸福的状态也就消失得无影无踪了。内在的品质则不同，它是自我拥有的一种稳定状态，是盛装幸福的容器，也是幸福生根成长的土壤。

女人，风姿绰约的代名词。有人觉得女人很幸福，可以穿着光鲜的衣服、漂亮的鞋子，戴昂贵的首饰，魅力四射、光彩夺目。但是很多朋友却说，想做一个真正幸福的女人却很不容易。外在的表象是一种很缥缈的认知和感觉，外在的幸福就如同一个美丽的泡泡，在阳光的照耀下晶莹剔透、五彩缤纷，但是这种幸福的幻影持续不了多久，很快就会"啪"的一声破灭。

想要得到幸福，你就要学会关注自己的内心，需要超越外在自我去找寻内心本质，挖掘真正的幸福。眼前的幸福会像流星一样转瞬即逝，绚丽夺目的一幕不过是划过天空一瞬间，即便再耀眼也不能成为永恒。而站在高端望到幸福如同陈香佳酿，它会随着时间的流逝而增长芳香，饮口入喉，唇齿留香，回味无穷。

外部的物质也许能为女人带来短暂的幸福，而内在品质却是稳定久远的，就像某些女人的人生，锦衣玉食的阔太太可能会因为生活空虚而整天愁眉苦脸；衣着朴素的打工妹却可能因为有一颗上进心而脸上洋溢着幸福的笑容。

2．挖掘潜藏深处的幸福源泉

幸福是什么？有人说过："真正的幸福是不能描写的，它只能体会，体会越深就越难以描写，因为真正的幸福不是一些事实的汇集，而是一种状态的持续。"

幸福只是一种感觉。它不取决于金钱、地位、名利，不取决于人们的生活状态，而是取决于你对生活所持有的态度。

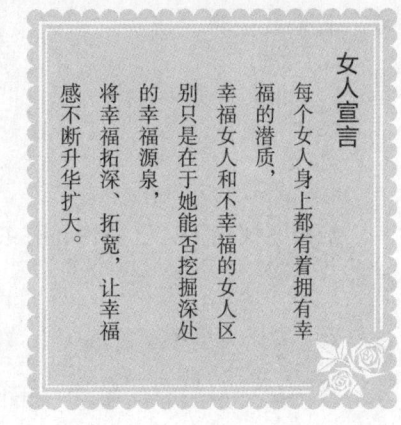

女人宣言

每个女人身上都有着拥有幸福的潜质，幸福女人和不幸福的女人区别只是在于她能否挖掘深处的幸福源泉，将幸福拓深、拓宽，让幸福感不断升华扩大。

有些女人自认为很幸福，有些女人认为自己很不幸，这都是心态所决定的。其实生活中的幸福无处不在，认为自己不幸的人是因为表象中的幸福暂时没有显露出来，而自己又没有去挖掘潜藏深处的幸福源泉。认为幸福的女人则是睿智的，不论外界发生何种变化，她都能够找到幸福的根源，从内心深处去汲取快乐。

学会知足、学会取舍、学会施予、学会爱，学会与这个世界温柔相处，你就会发现，幸福就在你身边。

柏拉图问苏格拉底："什么是幸福？"

苏格拉底说："想知道幸福是什么样子？那么请你穿越这片田野，去摘一朵最美丽的花回来，请你记住，你只有一次机会。"

于是，柏拉图真的去摘最美丽的花了。许久之后，他回来了，手里捧着一朵艳丽的花。

"这就是你摘的最美丽的花吗？"苏格拉底问道。

柏拉图回答说："当我穿越田野的时候，我看到了这朵美丽的花，就认定它是最美丽的，于是我就摘下了它，后来我看见很多很美丽的花之时，我依然坚持我所拥有的这朵花是最美丽的，所以我把最美丽的花摘来了。"

"这，就是幸福。"苏格拉底意味深长地说。

柏拉图找到了自己最想要的东西，就是找到了幸福。幸福，很多人都向往，很多人都在追求，然而，很多人在享受时却不知道，能享受时却不去享受，是因为他眼里的幸福太过复杂。

其实，幸福很容易获得，也很常见。孩提时候，幸福是和爸爸妈妈弟弟妹妹围坐一圈，吃一顿晚饭；是春节时的一件新衣、一双新鞋；是大年三十热腾腾的饺子；是在爸爸妈妈怀里嬉闹玩耍的愉悦；是在大树上爬来爬去的快乐……恋爱时，幸福是和喜欢的人一起看流星雨；是一起撑着伞在雨中散步；是下雪天，彼此在雪地上留下的串串脚印；是昏黄的路灯下，彼此相拥的温度……婚后，幸福是下班回家后他嘘寒问暖的关怀；幸福是那个怀在肚中9个月的小生命呱呱坠地时，看着他皱巴巴的小脸，寻找与自己相似之处时的专注；幸福是因为某事大发脾气后两个人小心翼翼的道歉；幸福是看着家人一起聊天时的温馨……

其实，一杯淡水、一壶清茶可以品出幸福的滋味；一片绿叶、一首音乐可以带来幸福的气息；一本书籍、一本画册可以领略幸福的风景。幸福不仅在于物质的丰裕，幸福更在于精神的追求与心灵的充实。幸福是为了心中的目标而努力拼搏的过程。幸福是一种心情，它是懂得珍惜、是一种内心的知足、是一种随遇而安、是一颗感恩的心。幸福是早春里的一缕阳光、盛夏里的一泓清泉，初秋里的一习凉风、严冬里的一堆篝火。

幸福需要去发现，心态不好的人最不容易获得幸福。如果你不曾有幸福的感觉，或者很少，那一定是你自己的问题，你必须调整好自己的心态。不要希望别人给予你幸福，别人可以强加给你不幸，却绝不可以强加给你幸福。用心去感受吧，你就会发现，其实幸福并不遥远，每一天都有让你感觉幸福的事，生活的点点滴滴都是幸福。

曾经记得某电视节目播出一个外籍女孩嫁到异国他乡的故事，这个外籍女孩家庭条件优越，为了爱情她嫁到异国一个偏僻的小村庄，并有滋有味地过着幸福的生活，这个女孩就是亚美尼亚的努内。

年轻漂亮的努内在亚美尼亚一家医院从事护士工作。一天，努内所负责的病区来了一个异国小伙子，这个小伙子前来亚美尼亚打工，不幸患了重病需要住院治疗。努内对小伙子无微不至的关怀和热情的照料让小伙子在不知不觉中爱上了这个女孩，小伙子出院的时候，向努内袒露了心声。

努内的家里十分富有，爸爸是中层领导，妈妈是医生，努内的妹妹嫁给了一位富有的商人。但是妹妹结婚后丰富的物质生活并没有给她带来幸福，妹妹婚后不幸的生活对努内刺激很深。她问妹妹："我如果嫁给一个靠劳动而生的男人，婚后过着清贫的日子，你怎么看待？"妹妹斩钉截铁地说："如果你们真的相爱，清贫的日子中也能挖掘到幸福。有爱才会有幸福，有爱才能挖掘幸福。"

有了家人的支持，努内和小伙子很快就举行了婚礼，挽手走进婚姻的殿堂。婚后的日子无疑是甜蜜的,可是异国小伙子想念自己的家乡了,打算回家看看。努内支持丈夫的想法,于是小两口带着刚出生不久的孩子千里迢迢回到了小伙子的家乡。

当努内来到丈夫家门口的时候,她惊呆了。低矮的房子,坑坑洼洼的土路,简陋的设施,生长在富裕家庭的努内不敢想象今后的日子该怎样过下去。同村的人看到洋媳妇进门,也都在纷纷议论,认定洋媳妇过不好村里的日子。渴望幸福、珍惜爱情的努内暗自下定决心,不论环境怎样艰苦,一定要好好过日子,维护住家庭的幸福。

渐渐地,努内喜欢上了这个村庄,她在淳朴的民风中找到了幸福,在辛勤劳作中找到了幸福,在黄土地中找到了幸福,努内没有依靠任何人,仅凭勤劳的双手改变了家中的面貌。院子内的一草一木都是努内的心血,家中一砖一瓦都是努内的杰作。就这样,努内从年轻的女子转变为成熟的中年女人,时间改变了女人的容颜,却没改变努内家中幸福的旋律。

当栏目组前去采访努内时,努内骄傲地指着房间内一家三口的全家福幸福地笑了。

这对异国恋人的故事十分感人,努内寻找幸福的过程也值得自豪。当被问及是如何在艰苦的环境中挖掘幸福的时候,努内一脸阳光地说:"幸福就在自己身边,也在自己的手中,但是幸福需要女人自己去发现,自己去挖掘,自己去创造。有个相互恩爱的人,两个人共同去创造明天的美好,有个可爱活泼的孩子,承载着未来的希望。这就是我的幸福,我的幸福不是从天而降,而是我自己在内心深处挖掘出来的。"

努内诚恳的话语赢得全场雷鸣般的掌声,她朴实的幸福观赢得女人们的共鸣。

单单从面上看这个家贫穷而艰难,可是往深处挖掘,正如努内所说夫妻恩爱，孩子可爱，对未来充满希望，这就是幸福。幸福永远是往生活中注入力量的源泉，只有感受得到幸福的女人才有能力去更好地生活，从而拥有远大的目标与理想去创造欲望和激情，并且挖掘自身的潜能成就一番辉煌的生活。

幸福对待每一个人都是公平的，可谓幸福面前人人平等，但这只是幸福给予女人的一次机会，是否能抓住幸福还需女人努力去挖掘。只要在幸福到来之际不屈不挠、勇往直前、奋力挖掘才能够体会和感受幸福更深一层的意思，找到幸福的本源。

幸福有时和物质有关，但却没有物质标准。当你饥饿难耐时，有一个馒头就会非常开心；当你口干舌燥之时，一碗白开水你也会觉得太爽了；当你迷失在野外时，有一堆干草可以取暖就会很舒服，这都是幸福。判定是否幸福的标准其实就在每个人的心中，需要我们用心去挖掘隐藏的幸福源泉。

3．有深度的女人必定波澜不惊

女人宣言

有深度的女人温婉但不脆弱，善良但不是软弱，她们不偏执，不自负，躯体里面永远跳跃着一颗坚定的内心。

一个女人如果必须通过外界的评价才能证明自己，旁人说你好，你就认为自己好；旁人说你不好，你就认为自己不好，那就只能说明一个问题：你并不是一个有深度的女人。当女人不再依赖客观评判而左右内心世界的时候，才能做到真正的波澜不惊，成为有深度的女人。

有深度的女人内心足够强大，这种强大并不是阿Q般的狂妄自大，而是经过生活的历练后沉淀下来的人生精华。她们不会太过在意别人的想法，更不会因为外界的参与而盲目改变初衷，类似患得患失、瞻前顾后的心理"绝症"绝对不会出现在有深度女人的身上。这种女人拥有强大的能力，内心的动力足可以抵抗一切略带破坏性的干扰，她们的心中早已建起一座结结实实的堤坝，洪水来袭的时候只能被堤坝阻隔在外。

张小姐和郑小姐是同事且又是老乡，两个女孩在工作和生活中交往很密切，关系相处得也很融洽。但是在为人处世方面，这两个年轻的女孩却有着各自的方法。

张小姐生性好强，做事独立果断，只要是她认准的事情就一定会努力做到。凭借这股坚忍不拔的韧劲和毅力，张小姐在公司晋升很快，被很多人暗地里称为女强人。

和张小姐相比，郑小姐的性格柔弱得多，她自己总是很在意外在的因素，留意他人的看法，因此她的很多想法总是在别人的影响下束之高阁。

举一个很简单的小例子，公司要组织跨年联欢会，上级领导看到张小姐和郑小姐生性活泼，于是让她们几个年轻人策划并组织这场活动。得知公司要举办联欢会的通知后，大家都很兴奋，于是摩拳擦掌准备策划一场别出心裁、趣味横生的晚会。

几个年轻人先是参考了往届联欢会的经验，然后各抒己见纷纷提出相关的建议和意见。张小姐和郑小姐同时想出了一个好点子，两个人商量后一拍即合，认为这个点子如果能用到联欢会上肯定不同凡响。

张小姐和郑小姐对另外的几个年轻人说了那个点子，有的人摇摇头，有的人半信不疑，他们一致认为在某个环节上还是遵循以往的老路子比较好，张小姐和郑小姐的点子虽然新颖，但是有点冒险，万一得不到台下观众的共鸣就会给整台晚会抹黑。

听到同伴们的议论，郑小姐有点胆怯了，她悄悄地问张小姐："咱们两个想出的这个点子有什么纰漏吗？要不还是算了吧，按照大多数人说的做得了。"

张小姐杏眼一瞪，说："不行，首先这个点子是经过仔细分析推敲才提出来的，虽然没有先例，但是暗地里我调查过，公司的同事还是比较喜欢这种方式的晚会的。其次，咱们两个多次论证过这个点子，是经过深思熟虑才说出来的，如果不试一下，怎么就能肯定没有好的效果呢？"

而对郑小姐态度的改变，张小姐依然在坚持自己的观点，并且举了好多例子来说服同伴们。同伴们被张小姐的坚持所打动，他们最终决定采取这个方法来试一试。跨年联欢会正式举办的时候，全公司的同事都被张小姐和郑小姐所设置的情节吸引了，台上台下互动频繁，晚会效果出奇得好，被公司人员称为是有史以来最棒的一次联欢会。

张小姐和郑小姐看到自己想出的点子是那么受观众欢迎后会心地笑了，郑小姐不好意思地对张小姐说："要不是你的坚持，咱俩这个点子肯定不能和观众见面。"

张小姐意味深长地对郑小姐说："既然咱们身为女人，就要做内心强大的女人、有深度的女人。只要是想要追求的东西是正确的，我们就要一如既往地走下去。假如别人三言两句就能将咱们打倒并使咱们的想法改变，那么咱们就别奢望得到真正的幸福了。"

郑小姐听过张小姐的话后，用力地点点头，在心中暗暗下定决心，一定要做一个有深度的女人，争取属于自己的东西，属于自己的幸福。

小女人温婉但不脆弱，她们有深度，也有足够强大的内心，她们不偏执、不自负，只是坚持自己心中的信念。当周围有嘈杂的声响混淆视听时，一定要坚定决心，让自己心中的梦想坚持下去，只有坚定才能让女人的生活道路越走越宽、越来越平坦。

有深度的女人心中永远充满安定和平静，这种安定和平静并不同于空洞，她们的内心是充实的。无论外界有多少诱惑或多少挫折，有深度的女人都能心无旁骛，依然固守着内心的坚持，保持理想化的心理状态。

女人的生命不仅仅是一个过程，而是一种心态体验，有深度的女人的心中时时刻刻在等待自由、守护着自由，不会让等待的过程将内心慢慢衰竭掉。她们的躯体里面永远有一颗坚定的内心在跳跃，这颗坚定的内心能够在女人遇到风浪的时候给予无限的定力，让女人处事不乱，波澜不惊。

生活无论是平淡还是精彩，只有成为一个有深度的女人才懂得如何平定自己的世界，做到波澜不惊。对于女人自己将要做的每一步选择都不要抱怨、不要后悔，更不能摇摆不定。不要在乎别人的眼神和旁人的舆论，只要我心宁静、简单、充实，必定能够收获自己想要得到的东西，成为世间最幸福的小女人。

做一个有深度的女子，冷静、低调、淡定、从容、优雅、大方得体、不轻易表达看法、不随意表露感情、不随便改变自己的决定，显山不漏水，永远微笑，让人猜不透。因为唯有这样的女子，才能驰骋职场、叱咤风云，才能融入社会、呼风唤雨；才能八面玲珑、免受无谓的伤害。女人请记住这样一句话：世界如此险恶，你要内心强大！

4．上帝偏爱快乐的女人

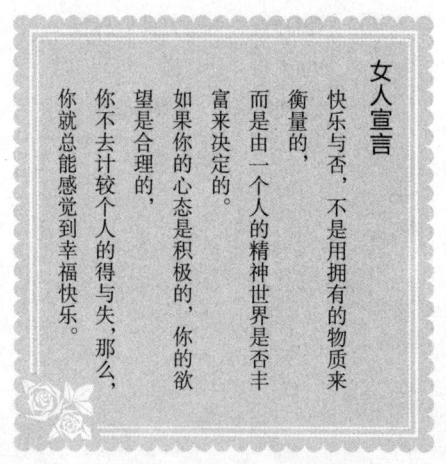

女人宣言

快乐与否，不是用拥有的物质来衡量的，而是由一个人的精神世界是否丰富来决定的。如果你的心态是积极的，你的欲望是合理的，你不去计较个人的得与失，那么，你就总能感觉到幸福快乐。

阳光和鲜花在达观的微笑里，凄凉与痛苦在悲观的叹息中。有人说，微笑的女人最美丽。而微笑是一种发自内心的快乐，所以，要做一个美丽的、惹人爱的女人，首先就要学会保持一份快乐的心情。

想让自己的内心得到愉悦感，就必须先让自己得到心灵的满足。心灵上得不到满足的女人，她只会抱怨这、抱怨那，忽视了快乐的存在，她的心中不会有爱。所以，一个快乐的女人，一定拥有一颗淡泊豁达、乐观向上的心，因为乐观，所以才会以极平和的心态面对一切，滋生出一种发自心底的独特魅力来，才会让这颗心像水晶一样透明干净。

快乐的女人充满仁慈、内心充满爱，她会因为清晨的朝阳而欢欣，为一朵花的盛开而惊喜，哪怕只是一只离巢的小鸟回到巢里，这对她来说也是一件快乐的事。她会满足于上天的赐予，即使上天给予她的只是一滴水，她也会把她当作琼浆玉液，因为她懂得感恩，她总是乐观向上地活着，开成一朵不败的傲霜花。

没有哪个男人会喜欢整天愁眉苦脸的女人，因为男人不会喜欢心中无爱的女人，也没有一个男人愿意整天生活在这种压抑的气氛中。一个家庭里整天愁云惨雾的，怎么会幸福呢？

有这样一对年过半百的夫妻，他们是杰克和苏珊，他们住在一个偏僻的小村庄里，日子过得很清贫，但却很快乐。

苏珊的生日快到了，杰克为了给苏珊过一个有意义的生日，决定把他们家里唯一值点钱的那匹马拉到集市换些东西，然后给苏珊一个惊喜。

杰克先用这匹马和别人换了一头母牛，接着又用母牛换了一只山羊，再用山羊换了一只大鹅，又把鹅换成了母鸡，最后用母鸡换了别人的一大袋烂苹果。每一次与他人交换东西时，杰克总想着能给苏珊一个惊喜。

杰克最后扛着一大袋子烂苹果踏上了回家的路，途中他觉得累了，便到一家小酒店休息。这时候，他碰见了两个外国人，闲聊中老头把自己赶集的经过详细地说了一遍。

两个外国人听后，哈哈大笑，说："杰克，等你回家肯定会挨老婆的一顿打。"杰克坚称绝对不会，外国人不相信，他们用一袋金币打赌。随后，两个外国人跟着杰克一起回了家。

苏珊看到杰克回来后非常开心，她饶有兴致地听杰克讲述赶集的经过。每听杰克讲到自己用一样东西换了另一样东西的时候，她都没有丝毫抱怨，而是充满了钦佩。她不时地说着："真好，我们有牛奶喝了！""羊奶也挺好。""鹅毛多漂亮呀！""我们可以每天吃鸡蛋了！"最后，她得知杰克用母鸡换了一袋开始腐烂的苹果时，也没有恼火，而是开心地说："今天晚上我们就能吃苹果馅饼了！"

两个外国人心服口服地放下金币说："伙计，你真幸运，找到这样一个好妻子。"

聪明的女人永远不会站在原地为了自己的损失而悲伤,她们会高兴地找出办法来弥补自己的创伤。就像苏珊一样,心胸豁达,不会抱怨生活,能把烂苹果做成苹果馅,所以她才会过得比别人幸福。

一位著名音乐人曾说过这样一段话,他说他需要的女人必须是一个乐观的女人。在他身边出现过很多漂亮的女人,可漂亮是不够的,他觉得那些女人都很悲观,每天都在发愁,美丽都被隐藏了。其实,男人有时候也是孩子,在面对生存压力的时候,一个悲观的女人只会增加他的压力和负担,所以他也需要一个乐观的女人来支持他、给他鼓励,给他向上的勇气,给他的生活里带去阳光。

现在很多青春偶像剧里塑造的女主角大多都是活泼可爱、乐观向上的。她们在最苦最难、经济最拮据、感情最痛苦的时候,也没有放弃对生活的希望,她们从来都是用最美的笑容面对着人世间一切的残酷。这样的女人往往会让人心疼得掉眼泪。这些女主角对生活的态度,实际上是现在很多女孩缺少的素质,所以,在看那些偶像剧的时候,我们也别光顾着陪那些帅哥靓女抹眼泪,为他们一波三折的感情而纠结,我们也要借鉴和思考他们那种正确的生活态度,把自己打造成一个有魅力的快乐女人。

一个真正快乐的女人,她的快乐不是仰仗他人给予的。如果一个人把希望寄托在他人身上,那他一定不会快乐很久,女人要知道,快乐来自于自己的心灵,如果你非要用物质的多少来衡量幸福,你永远也无法体味到真正的幸福。所以,要做一个快乐的女人,那么从现在起,就要修炼自己的内心,幸福与不幸福、快乐与不快乐并不是彼时的一种状态,而是一种态度,一种源自于内心深处对待生活的态度。

闺中密语

男人在乐意为女人付出的同时,也希望女人永葆一颗知足常乐的心。人生在世,与需要索取的东西相比,拥有的东西实在太少。拥有得少,不代表不幸福;反之,拥有得多,也不一定代表幸福。和虚无缥缈的追求相比,活在当下显然是更明智的选择,因为只有到手的才是真正属于你的。

5. 内心强大的女人不失优雅

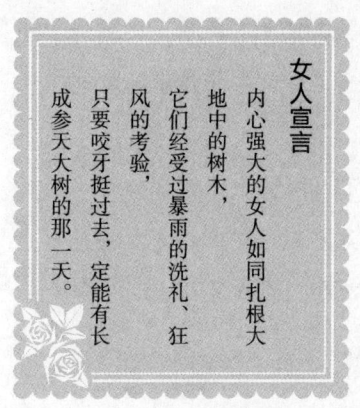

女人宣言

内心强大的女人如同扎根大地中的树木,它们经受过暴雨的洗礼、狂风的考验,只要咬牙挺过去,定能有长成参天大树的那一天。

不要以为楚楚可怜才有人疼,坚强的女人更让人敬慕。如果你被击倒了,只想一辈子这么赖着、等着、靠着,那么别人也只能选择让你自生自灭,是你断了自己重生的后路。

自古以来,女人总是被人爱怜的对象,因此造就了很多女人的软弱和依赖。在痛苦的时候,蜷缩于男人的怀里逃避一切。所以,软弱有时成了女人的代名词。

有相当一部分女人遭逢生命变故的时候,总会不停埋怨老天:"为什么是我?""为什么我就这么倒霉?""我为什么这么命苦?"……即使哭哑了嗓子,事情也不会无缘无故地好转,所以最终仍要坚强地面对。

作为内心强大的女人,碰到令人伤心的事情时,你的第一个念头是要告诉自己:"它来了!这是必经的进程,只有自己能帮助自己,所以我要勇敢面对,现在就想办法处理!"不断用心灵的力量来为自己打气,然后要比平时更振作,才能让自己走过生命的黑暗期,迎向灿烂的光明。遇到困难时,越是坚强的女人,越有一股让人尊敬与心疼的魅力,唯有自己表现得更坚强，别人才能帮助你、欣赏你。

海伦·凯勒是美国著名作家和教育家。1882年，她一岁多，因为发高烧，脑部受伤。此后，她的眼睛看不到、耳朵听不到，后来，连话也说不出了。她在黑暗中摸索着长大。7岁那年，家里为她请了家庭教师，也就是影响海伦一生的沙利文老师。沙利文小时候眼睛也差点失明，她了解失去光明的痛苦。在她辛苦地指导下，海伦用手触摸学会手语，摸点字卡学会了读书，用手摸别人的嘴唇，终于学会说话了。沙利文老师为让海伦接近大自然，让她在草地上打滚，在田野跑跳，在地里埋下种子，爬到树上吃饭；还带她去摸摸刚出生的小猪，到河边玩水。海伦在老师爱的关怀下，竟然克服失明与失聪的障碍，完成了大学学业。

1936年，和她朝夕相处50年的老师离开了人间，海伦非常伤心。她知道，没有老师的爱，就没有今天的她，决心要把老师给她的爱发扬光大。于是，海伦跑遍美国大大小小的城市，周游世界，为残障人士到处奔走，全心全意为那些不幸的人服务。

1968年，海伦87岁去世，她终生致力于服务残障人士的事迹，传遍全世界。她写了很多书，她的故事还被拍成了电影。沙利文老师把最珍贵的爱给了她，她又把爱散播给所有不幸的人，带给他们光明和希望。

海伦可以说是坚强的代名词，在她身上看到的不是女性的柔弱，而是柔韧。21世纪的女性虽然有了很多和男人平起平坐

闺中密语

坚强是一种品行，是千锤百炼磨砺出来的结果，坚强是每一个人在不幸中支撑身心的精神柱梁。坚强更是一种生活智慧，它告诉我们怎样去生活。寂寞的时候，可以学着倾听自己和自己对话的声音，感觉到自己在一点一点地成长，甚至听到原来的自己远去的声音，因为坚强本身对自己更有利。

的机会，但面临的困难也相应比男人多，这时候就需要女人的坚韧，能知难而进，坚持到底。成功的人和失败的人最大的不同就在于能不能坚强并坚持。

  大量事实证明，与其说男人喜欢柔弱的女性，不如说男人更欣赏内心坚强的女人，因为男人需要坚强女人的支持。在这个男女共处的社会里，只有内心坚强的女人才能不失优雅，才能赢得男人真正的尊重。